indayi edition

Wetten, dass du nicht weißt,

- ob die Zunge einer Giraffe so lang ist, dass sie sich damit ihre Ohren putzen kann?
- ob Schlangen Ohren haben?
- ob alle Landtiere springen können?

Teste dein Wissen im großen Kuriositäten-Quiz und lies dann über die giftigen, lustigen, gefährlichen und faszinierenden Fähigkeiten der Tiere und lass dich beeindrucken, was ein kleines Kind (der Autor selbst) mit gefährlichen Tieren mitten im Dschungel von Afrika erlebt hat!

- Welche Tiere adoptieren fremdartige Tiere?
- Welcher Vogel kann ohne Pause über ein halbes Jahr fliegen?
- Welche Tierweibchen können ohne Männchen schwanger werden?
- Welche Tiere trinken kein Wasser?

Antworten auf diese Fragen und noch viele, viele andere findest du zusammen mit spannenden und erstaunlichen Geschichten in diesem Buch.

Der Autor Dantse Dantse kommt ursprünglich aus Kamerun. Als Kind unternahm er ausgedehnte Streifzüge durch den Urwald und traf dabei auf viele wilde Tiere, manchmal ganz schön gefährliche! Als Kleinkind war er sogar mit einer gefährlichen Schlange befreundet! Durch diese Erlebnisse und die vielen Tiere in seiner Familie entwickelte er seine Liebe zu den Tieren und seine Faszination für ihre tollen Eigenschaften und Fähigkeiten.

Sehr früh war ihm klar, dass Tiere viel mehr können, als die Menschen normalerweise denken und vielleicht sogar intelligenter sind als wir.

Dantse, Vater von fünf Kindern, lebt heute seit vielen Jahren als Schriftsteller in Darmstadt und schreibt Bücher für Kinder und Erwachsene für seinen eigenen Verlag.

Du kannst ihm unter leser@dantse-dantse.com eine Email schreiben, wenn du Fragen oder Anregungen hast.

TIERE EXTREM

mit über 380 tollen Tierfotos in Schwarz-Weiß*

Sammelband

Spannende Geschichten über die erstaunlichen Fähigkeiten der Tiere

Mit abenteuerlichen Geschichten des Autors

Dantse Dantse

als Kind im Dschungel Kameruns

* Dieses Buch ist auch mit farbigen Fotografien erhältlich!

Besuche uns im Internet

www.indayi.de

indayi edition

Bibliografische Information der Deutschen Nationalbibliothek:

Die Deutsche Nationalbibliothek verzeichnet diese Publikation in der Deutschen Nationalbibliografie; detaillierte bibliografische Daten sind im Internet über http://dnb.d-nb.de abrufbar.

Bildnachweise Cover: Hai © Andrea Danti, fotolia, Schlange © mgkuijpers, fotolia

Dezember 2018

Umschlaggestaltung, Satz und Lektorat: Birgit Pretzsch

Printed in Germany

ISBN 13: 978-3-947003-38-9

Inhaltsverzeichnis

Danksagung und Quellen **14**

Anmerkung **15**

1. Teste dich: Fragen und Antworten **17**

2. Wahr oder falsch? Kuriositäten aus der Tierwelt **21**

3. Meine Begegnungen als Kind mit gefährlichen Tieren im Urwald Kameruns: Warum Tiere mich faszinieren **26**

4. Tierische Freundschaften: Wo die Liebe hinfällt **36**

5. Tiere, die fremde Tiere adoptieren **45**

6. Rekorde der Tiere **48**

6.1. Die langsamsten Tiere der Welt 48

6.2. Tiere, die am laustesten sind 51

6.3. Welche Tiere können am besten riechen? 56

6.4. Altersrekorde der Tiere: Die ältesten Tiere 58

6.5. Die Tiere mit den besten Augen 72

6.6. Welche Vögel fliegen am längsten und weitesten? 75

6.7. Welche Tiere können rückwärts fliegen? 78

6.8. Vögel, die nicht fliegen können 80

6.9. Welche Tiere schlafen am längsten? 82

6.10. Welche Tiere schlafen am wenigsten? 87
6.11. Die größten und längsten Tiere der Welt 91
6.12. Die kleinsten Tiere der Welt 106
6.13. Tiere, die nicht springen können 111
6.14. Die schwersten Tiere 112

7. Die gefährlichsten und giftigsten Tiere der Welt 115

7.1. Die gefährlichsten Schlangen 135
7.1.1. Die gefährlichsten Schlangen weltweit 137
7.1.2. Die gefährlichsten Schlangen in Afrika 139
7.1.3. Die gefährlichsten Schlangen in Asien 148
7.1.4. Die gefährlichsten Schlangen in Australien 155
7.1.5. Die gefährlichsten Schlangen in den USA, Mittel- und Südamerika 158
7.1.6. Die gefährlichsten Schlangen in Europa 164
7.2. Die giftigsten Spinnen der Welt 167
7.3. Der giftigste Skorpion 171
7.4. Der giftigste Vogel 172
7.5. Die giftigsten Fische der Welt 173
7.6. Die gefährlichsten Groß-Landtiere der Welt 178
7.7. Die gefährlichsten Tiere im Wasser 182
7.8. Killer-Insekten: Die gefährlichsten Insekten der Welt 189
7.9. Die gefährlichsten Raubtiere der Welt 196

8. Vampirtiere: Tiere, die Blut trinken 202

9. Menschenfresser 205

10. Tiere und Gefühle 221

11. Tiere, die mit Tränen weinen können 224

12. Intelligente Tiere 225

12.1. Die schlausten Tiere 235

12.2. Die Geschichte von unserem Hund, der Streit schlichtete 250

12.3. Die Mathematiker und Physiker unter den Tieren 253

12.4. Die Handwerker unter den Tieren 263

12.5. Architekturwunder der Tiere - Tiere sind super Architekten: 10 Beispiele 266

12.6. Tiere, die besten Meteorologen und Zeit-Ansager 278

12.7. Tiere sind die besten Naturmediziner 286

12.8. Tiere sind Top-Psychologen 294

12.9. Affen erkennen und unterscheiden Mädchen- und Jungen-Spielzeug, genau wie Menschen 295

13. Kuriose Fortpflanzung der Tiere 297

13.1. Parthenogenese: Tiere, die sich selbst befruchten können 303

13.2. Homosexualität bei Tieren 308

14. Die längste Schwangerschaft 311

15. Erstaunliche sportliche Leistungen 312

15.1. Welches sind die schnellsten Tiere? 321

15.1.1. Die schnellsten Säugetiere 322

15.1.2. Die schnellsten Vögel 325

15.1.3. Die schnellsten Reptilien 329

15.1.4. Die schnellsten Insekten 331
15.1.5. Die schnellsten Fische 332
15.1.6. Liste der schnellsten Landtiere 333
15.2. Marathon-Experten unter den Tieren 335
15.3. Die besten Springer 339
15.3.1. Die besten Hochspringer 339
15.3.2. Tiere, die am weitesten springen 344
15.4. Gewichtheben: Die stärksten Tiere der Welt 347
15.4.1. Wer ist das stärkste Tier der Welt, gemessen an der Körpergröße: Der Elefant oder ein Käfer? 350
15.5. Die besten Tiere im Wasser 353
15.5.1. Tieftauchen: Die besten Taucher 353
15.5.2. Tiere, die am schnellsten schwimmen 357
15.5.3. Welche Tiere halten am längsten unter Wasser die Luft an? 359
15.6. Wie atmen Tiere unter Wasser? 361
15.6.1. Fische 363
15.6.2. Meeressäugetiere 364
15.6.3. Amphibien 365
15.6.4. Insekten 366
15.6.5. Reptilien 367
16. Sonstige Rekorde in der Tierwelt 369
17. Lösung des Quiz: Wahr oder falsch? 376

Danksagung und Quellen

Für dieses Buch habe ich viel recherchiert, viele unterschiedliche Daten studiert und verglichen. Dennoch brauchte ich Hilfe von anderen, die viel über Rekorde der Tiere geschrieben haben. Sie erlaubten mir, ihre Daten und auch Texte zu benutzen.

In diesem Sinne danke ich besonders:

www.mark-ariu.de/rekorde-in-der-tierwelt/

http://www.reiseblogonline.de/top-10/

http://www.wildvogelhilfe.org/sonderbeitraege/grundwissen/rekorde.html

Anmerkung

Die Tiere mit ihren erstaunlichen Fähigkeiten haben die Menschen schon immer fasziniert und ganz besonders die Kinder.

Wenn es um Geschichten und Rekorde der Tiere geht, gibt es kein Halten mehr. Die Fantasie der Kinder und Erwachsenen kennt keine Grenzen, wenn sie zum Beispiel hören, dass es Vögel gibt, die schneller sind als Autos, oder dass ein Krokodil über 7m lang sein kann. Über Rekorde wird gern und engagiert geredet.

Aber stimmen diese Rekorde überhaupt? Das ist die große Frage, die man sich stellt, denn manchmal sind die Daten von einer Quelle zur anderen total unterschiedlich. Viele Parameter spielen dabei eine Rolle. Zum Beispiel kann allein eine falsche Umrechnung von Fuß auf Meter das Endergebnis beeinflussen, oder das Wiegen eines Tieres, das gerade etwas gefressen hat.

Aber im Großen und Ganzen gehen die Ergebnisse meist in die gleiche Richtung.

Ich habe zahlreiche Bücher und wissenschaftliche Texte studiert, geprüft, verglichen und durch meine Kenntnisse – da ich in Afrika sehr vielen Tieren begegnet bin – ergänzt und habe dir etwas zusammengestellt, das die Realität sehr gut abbildet.

Fakten basieren immer auf jetzigen Erkenntnissen über Tiere, die man kennt und gesehen hat. Das bedeutet nicht, dass die letzte Erkenntnis die letzte Wahrheit ist. Viele Tierarten kennen wir gar nicht, denn die Menschen haben sie noch nicht entdeckt. An vielen Orten dieser Welt war noch kein Mensch und somit wissen wir nicht, was für Tiere dort zu finden sind.

Angaben, die heute richtig sind, können schon Morgen veraltet sein. Das gehört dazu und deswegen solltest du nicht irritiert sein, wenn du in einem Jahr etwas anderes liest als heute, denn die Forschung geht weiter und sammelt immer weitere Erkenntnisse und entdeckt neue Tiere und neue Fähigkeiten.

1. Teste dich: Fragen und Antworten

Bevor du dich wirklich ganz auf dieses Buch einlässt, teste deine Kenntnisse und später schaust du dann, ob du richtig geantwortet hast. Das macht Spaß!

Welches ist das größte Tier der Welt?

Antwort:

Welches ist das schwerste Tier der Welt?

Antwort:

Welches ist das schnellste Tier der Welt?

Antwort:

Welches ist das langsamste Tier der Welt?

Antwort:

Welches ist das stärkste Tier der Welt?

Antwort:

Welches Tier springt am höchstens?

Antwort:

Welches Tier springt am weitesten?

Antwort:

Welches Tier schreit am lautesten?

Antwort:

Welches Tier taucht am tiefsten?

Antwort:

Welches Tier ist am giftigsten?

Antwort:

Welches ist das älteste lebende Tier auf der ganzen Welt?

Antwort:

Nenne zwei Tiere, die Blut trinken (Vampirtiere):

Antwort:

Gibt es Tiere, die Menschen fressen?

Antwort:

Faultiere können sehr lange schlafen. Bis zu wie vielen Stunden kann ein Faultier am Tag schlafen?

Antwort:

Warum bleiben Spinnen nicht selbst an ihren Netzen kleben, wie die anderen Tiere?

Antwort:

Welches Tier baut das größte Bauwerk?

Antwort:

Warum sind Faultier so langsam und bewegen sich kaum?

Antwort:

Was haben alle Papageien gemeinsam?

Antwort:

---

2. Wahr oder falsch? Kuriositäten aus der Tierwelt

In der Welt der Tiere gibt es viele erstaunliche und spannende Geschichten und Erkenntnisse. Es geht hier um falsch oder wahr. Kreuze die richtige Antwort an. Glaub mir, du wirst bei manchen Fragen schwitzen müssen und Überraschungen erleben.

Am Ende des Buches findest du die Lösungen.

Bei den Seepferdchen bekommen die Männchen die Kinder.

○ wahr ○ falsch

Delfine machen nie beide Augen zu, wenn sie schlafen.

○ wahr ○ falsch

Kein Tier kann rückwärts fliegen.

○ wahr ○ falsch

Schildkröten können monatelang im Wasser bleiben ohne Luft einzuatmen.

○ wahr ○ falsch

Die Zunge einer Giraffe ist so lang, dass sie sich damit ihre Ohren putzen kann.

○ wahr ○ falsch

Säugetiere legen keine Eier, denn sie gebären.

○ wahr ○ falsch

Manche Vögel können monatelang von Europa nach Afrika und zurück fliegen, ohne sich auf den Boden oder auf einem Baum zu setzen. Sie schlafen und essen beim Fliegen.

○ wahr ○ falsch

Es gibt keine Vögel, die nicht fliegen können.

○ wahr ○ falsch

Alle Landtiere können springen.

○ wahr ○ falsch

Schlangen haben keine Ohren und können nicht hören.

○ wahr ○ falsch

Normalerweise kann man in Wasser nur schwimmen oder tauchen. Es gibt aber Tiere, die auf dem Wasser laufen können

○ wahr ○ falsch

Spinnen können nicht in ihrem eigenen Netz hängenbleiben.

○ wahr ○ falsch

Spinnen haben keine Ohren. Sie hören nicht und können nur fühlen.

○ wahr ○ falsch

Ein Elefant vergisst nie.

○ wahr ○ falsch

Eisbären müssen sich manchmal im Eiswasser abkühlen.

○ wahr ○ falsch

Fledermäuse sind blind.

○ wahr ○ falsch

Manche Schildkröten können ihren Panzer öffnen und schließen.

◯ wahr ◯ falsch

Alle spinnen müssen Netze spinnen, um Beute zu fangen.

◯ wahr ◯ falsch

Flamingos werden rosa, weil sie Krebse essen.

◯ wahr ◯ falsch

Alle Tiere haben nur ein Herz, genau wie Menschen.

◯ wahr ◯ falsch

Es gibt Raubtiere, wie Geparden, die kein Wasser trinken.

◯ wahr ◯ falsch

Haie ersticken, wenn sie nicht schwimmen, deswegen müssen sie ständig schwimmen, um zu leben.

◯ wahr ◯ falsch

Kakerlaken können ohne Kopf noch Tage weiterleben.

◯ wahr ◯ falsch

3. Meine Begegnungen als Kind mit gefährlichen Tieren im Urwald Kameruns: Warum Tiere mich faszinieren

Wenn wir keine Schule hatten, gingen wir immer im Urwald spazieren, ohne unsere Eltern und ohne unsere großen Geschwister. Wir waren 5 Kinder, zwischen 3 und 9 Jahren alt.

Es war immer so schön in Urwald, weil wir allein waren und alles tun konnten, was wir wollten.

Aber der Urwald war auch sehr gefährlich. Es gab viele gefährliche Tiere darin. Einmal haben wir eine Gorillafamilie getroffen. Sie saßen alle auf dem Boden und aßen Gras oder lagen nur so da.

Gorillafamilie © mrflip

Einer der Gorillas saß aber allein, weit weg von den anderen, und er war sehr riesig. Als die Gorillas uns sahen, fingen sie an, ein bisschen Lärm zu machen. So wurde der große Gorilla alarmiert. Er war wirklich sehr groß und sehr breit. Er beobachtete uns zunächst ganz ruhig, ohne sich zu bewegen. Wir versuchten dann einfach weiterzugehen, nicht weit entfernt von ihnen. Dann ging der große Gorilla von der Gruppe weg und kam in unsere Richtung. Wir bekamen Angst, waren aber auch neugierig. Wie am Boden festgenagelt standen wir da und es wurde immer bedrohlicher. Wir waren so klein, die älteste unter uns war meine Schwester. Sie war nicht einmal 8 oder 9. Dieser riesige Gorilla war der Chef des Rudels. Er fing an, kleine Bäume und Äste zu schütteln. Wir standen immer noch da, wie hypnotisiert. Dann rannte er springend hin und her. Wir konnten vor Angst zuerst nicht fliehen. Das ärgerte ihn noch mehr und er näherte sich uns.

Wütender Gorilla © Frank Wouters

Auf einmal schlug er mit beiden Händen auf seine Brust und die anderen Gorillas standen auf und hüpften auf dem Boden. Der Boden zitterte und wir konnten das ganz gut spüren. Er zeigte uns seine Zähne und brüllte so laut. Er war nun richtig böse und wollte gleich angreifen.

Da sagte meine Schwester, dass wir schnell wegrennen sollten. Wir rannten so schnell wir konnten, aber mein Bruder fiel auf den Boden er hatte sich in einer Liane verheddert. Obwohl es gefährlich war und wir immer noch die Gorillas hin und her trampeln und brüllen hörten, mussten wir alle wieder zurück, um ihm zu helfen.

Das war die Bedingung, damit wir allein in den Wald gehen durften. Unsere Mütter sagten immer: „Ja, ihr könnt gehen. Aber ihr geht zusammen und ihr kommt zusammen zurück. Ist einer von euch in Gefahr, dann müssen die anderen ihm helfen. Einer für alle und alle für einen. Habt ihr verstanden?“

Wir schauten nicht mehr nach dem Gorilla. Wir halfen unserem Bruder und rannten einfach, wie Verrückte, nach Hause und erzählten unserem Vater die Geschichte.

„Oh, das war knapp mit den Gorillas“, sagte er. Er meinte, wir hätten Glück gehabt und warnte uns: „Die Gorillas waren sicher schon sehr gereizt und haben nur deswegen nicht angegriffen, weil ihr Kinder seid. Das nächste Mal, wenn ein Tier bei eurem Anblick lärmt und auf sich aufmerksam macht, dann will es euch warnen. Es will euch sagen: He, pass auf. Hier bin ich, geh weg. Dann ist es doch besser, wegzugehen. Wenn ihr nicht weggeht und dableibt, nimmt das Tier das als Provokation und greift an, um sich, seine Familie und sein Revier zu verteidigen."

Eines Tages fuhren wir mit unserem Vater auf einer Straße, die durch den Urwald ging. Irgendwann sahen wir einige Autos vor uns stehen und fuhren nicht weiter. Wir stiegen aus, um zu sehen, was da los war und bald verstanden wir warum. Auf der Straße war eine Herde von Gorillas mit mehreren Tieren. In meinen Kinderaugen damals waren es sehr viele. Sie lagen einfach da und spielten. Zwei von ihnen standen uns gegenüber, vielleicht in 50 oder 100 Meter Entfernung? Ich weiß es nicht mehr genau und sie hielten sowas wie Wache. Sie waren riesig aber sehr ruhig. Sie standen da, um die Menschen zu warnen. Wir blieben mehrere Stunden dort. Bis sie irgendwann von allein ganz langsam und süffisant die Straße räumten und sich am Straßenrand niederließen. Erst danach verließen die zwei – sehr wahrscheinlich männlichen – Gorillas, die uns gegenüberstanden, den Platz und wir konnten weiterfahren. Mein Vater erklärte den genervten Menschen, die sich beklagten, zu lange gewartet zu haben, dass die Gorillas zugeschlagen hätten, wenn wir sie gewaltsam aufgefordert hätten, die Straße frei zu machen. Sie wollten den Menschen ihre Überlegenheit zeigen und zu Recht hatten sie uns blockiert, denn diese Straße läuft durch ihr Gebiet. Wir sind zu ihnen gekommen und nicht sie zu uns. Das war ein Beispiel dafür, dass wir Menschen ohne unsere Waffen und mit bloßen Händen, keine Chance gegen die Tiere haben.

Im Wald trafen wir immer auf wilde Tiere und Vögel und unbekannte Tiere, die wir früher noch nie gesehen hatten und die in keinem Buch standen, wie zum Beispiel das komische Tier auf drei Beinen, oder diese Schlange mit zwei Köpfen. Diese vielfarbige Schlange war erstaunlich. Sie hatte zwei Köpfe an ihren Enden. Der eine Kopf war da, wo er hingehörte und der zweite Kopf war an ihrem Schwanzende. Wenn wir auf den einen Kopf schlugen, kroch sie in die andere Richtung mit dem zweiten Kopf.

Schlangen waren überall. Wenn wir nachmittags von der Schule nach Hause kamen, sahen wir zig Schlangen, die auf der Veranda lagen und sich sonnten oder in unserem riesigen Garten lagen.

Als ich einmal schlief, beobachtete meine Kusine, wie eine Schlange neben mir, mit ihrem Kopf direkt an meiner Nase, lag. Wegen ihres Schreis erschrak die Schlange und wollte schnell weg, blieb aber unter der Tür stecken.

Als man mich dann weckte und unter die Matratze schaute, lagen dort zig Schlangen mit ihren Babys. Anscheinend fühlten sie sich wohl darunter, vielleicht weil die Matratze aus Stroh war? Mein Vater sagte uns damals, dass solche Matratzen viel besser und gesünder seien, als die modernen Schaumstoff-Matratzen. Mein Vater meinte später noch, dass Schlangen gerne das einatmen, was die Menschen ausatmen. Warum sie das tun, sagte er aber nicht. Ich habe ihn auch nicht gefragt.

Obwohl es so viele Schlangen gab und wir sie überall trafen, sind wir nicht mal einmal gebissen worden. Sogar einmal, als ein Cousin von mir über einer riesigen Viper stand, ohne es zu wissen! Aber die Viper blieb ruhig. Die afrikanischen Vipern können sehr gefährlich sein und sie sind giftig. Als einer von uns meinem Cousin dann sagte, einer seiner Füße würde auf einer Viper stehen, sprang er zurück und wieder nach vorne, wie ein Weltmeister, und schrie vor Angst. Wir sahen dann die Viper ganz ruhig weiter kriechen.

Mein Vater sagte uns, dass er zwar Glück hatte, aber dass gefährliche Tiere auch oft nicht einfach so zubeißen. Sie verschwenden ungern ihre Gifte. Er meinte, dass das Tier gespürt hat, dass mein Cousin, obwohl er über ihm stand, ihm nichts Böses tun wollte. Sehr wahrscheinlich hat sie deswegen nicht angegriffen.

Eines Tages im Wald waren wir Zeugen der Geburt einer Viper. Das Tier lag auf einem Ast und ihre Babys fielen auf den Boden. Diese Vipern gebären und legen keine Eier, wie andere Schlangen. Es wurde uns damals erzählt, es war vor 40 Jahren, dass sie so gebären, um sich selbst zu schützen. Denn Baby Vipern seien noch gefährlicher als erwachsene Tiere. Sie würden sich nach der Geburt gegenseitig beißen und nur ein paar von ihnen überlebten dann. So regelt Gott die Natur. Sonst würde es zu viele Vipern geben. Eine echte Gefahr für Menschen und andere Tiere.

Dass Schlangen Menschen jagen können, wie Hunde es tun, erfuhr ich, als mein Cousin über mehrere hundert Meter von einer Grünen Mamba verfolgt wurde. Er hatte auf einem Stück Ackerland gearbeitet, als er die Schlange sah. Er bewarf sie mit Steinen und Stöcken. Anscheinend wurde die Schlange getroffen und nun griff sie an. Mein Cousin rannte weg und wurde von der Schlange verfolgt, bis sie von einem Auto überfahren wurde, als sie wie mein Cousin auch die Straße überqueren wollte, um ihn weiter zu jagen. Wir wussten schon immer, seit wir Kinder waren, dass die Grüne

Mamba eine sehr nervöse, schnell reizbare und nachtragende Schlange war, die auch sehr schnell zubeißen kann.

Ich könnte noch viele Geschichten erzählen, zum Beispiel wie die Grüne Mamba meinen Bruder in Angst und Panik versetzte. Ja, wir standen unter einem Mangobaum. Mangobäume haben immer grüne Blätter und deswegen ist es kaum möglich, eine grüne Schlange darin zu entdecken. Wir spielten, als mein Bruder plötzlich einen markerschütternden Schrei losließ. Er hüpfte, sprang in die Luft und hörte nicht auf zu schreien. Ich fragte ihn, was los sei, aber er konnte kaum reden und fing an, sich hektisch und hastig sein Hemd auszuziehen, dann ließ er sein Hemd fallen und hielt seine Hose. Da sahen wir eine lange grüne Schlange, die ihm unten aus dem Hosenbein herausrutschte. Mein Bruder riss die Hose auf und wir alle rannten um unser Leben. Die Schlange war, glaube ich, genauso verschreckt wie wir und verschwand schnell im Gebüsch. Noch Minuten später zitterte mein Bruder. Das Gift der Grünen Mamba ist für den Menschen tödlich. Später meinte er, er hätte plötzlich gespürt, wie etwas Warmes in sein Hemd gefallen sei. Als er danach tastete merkte er, dass es nur eine Schlange sein konnte.

Schlangen können sehr gefährlich sein. Mein Papa wurde als Kind schon mal gebissen und wäre fast gestorben. Er hatte Glück, dass der afrikanische Arzt nicht zu weit weg war. Man brachte ihn zu ihm. Er musste gar nicht ins Krankenhaus gehen. Der traditionelle Arzt machte einen Schnitt und sog das Gift einfach mit dem Mund raus. Dann sagte er zu meinem Papa: Das nächste Mal, wenn du gebissen wirst, mache Pipi und trinke es, das verlangsamt die Wirkung des Gifts im Körper.

4. Tierische Freundschaften: Wo die Liebe hinfällt

Die Beziehungen zwischen verschiedenen Tierarten können schon sehr überraschend sein. Man sieht Tiere verschiedener Arten, sogar solche, die sich sonst als Feinde, Beute und Jäger gegenüberstehen, Freunden werden.

Hier sind einige bekannte Beispiele:

- Als wir Kinder waren hatten wir viele Tiere. Wir erlebten eine wahre Tierliebe zwischen einer **unserer Ziegen und unserer Hündin**. Diese Liebe dauerte jahrelang und überstand mehre Umzüge in verschiedenen Städten. Die beiden Tiere hatten sich nach einem harten Kampf angefreundet, wobei die Ziege unsere große Hündin lebensgefährlich verletzt hatte. Sie musste wochenlang intensiv gepflegt werden. Während dieser Pflegephase, in der unsere Hündin nur dalag, erlebten wir etwas Erstaunliches. Jeden Abend, wenn die Ziegen aus dem Wald kamen, um in ihrem Stall schlafen zu gehen, kam die Ziege, schaute nach dem Hund und leckte die Wunde am Bein. Als der Hund wieder gesund war, waren die beiden unzertrennlich. Die Ziege verließ ihr Rudel und blieb nur noch mit der Hündin zusammen. Als die Ziege starb, weinte die Hündin einen ganzen Tag und eine ganze Nacht durch und lehnte tagelang das Fressen ab. Wir hatten Angst, dass sie auch sterben würde. Noch überraschender für uns war, dass unsere Hündin einige Wochen, nachdem die Ziege gestorben war, wieder mit einer anderen Ziege die Freundschaft suchte. Sie wollte wieder mit einem Tier dieser Art Freundschaft schließen und das gelang ihr auch mit einem Ziegenbock. Die Freundschaft war nicht so tief und dauerte nicht lange, vermutlich weil der Bock jedes Mal versuchte, sie zu begatten.

- **Tinny und Sniffer**: Eine rührende Geschichte der Freundschaft zwischen einem Hund und einem Fuchs Der norwegische Fotograf Torgeir Berge berichtete in einem Video über die einzigartige Geschichte der Freundschaft zwischen seinem Hund Sniffer und einem Fuchs, den er Tinny nannte. Die beiden Tiere waren unzertrennlich. Beide lebten in Norwegen und spielten regelmäßig im Wald zusammen. Alles begann, als Torgeir Berge beschloss, eine Wohnung in den Wäldern von Norwegen zu kaufen und mit seinem Hund jeden Tag spazieren ging. Dabei lernte der Hund den Fuchs kennen und sie entwickelten eine echte Freundschaft voller Spiele und zärtlicher Momente.

Tinny und Sniffer © Torgeir Berge

- ## Eine Katze namens Muschi und die Bärin Mäuschen

Eine „besondere Freundschaft“ im Berliner Zoo zwischen einer Katze und einer Bärin
Die Katze lebte fünf Jahre mit der 36-jährigen Bärin zusammen. Es wurde sehr viel darüber berichtet und Bilder dieser Liebe gingen um die Welt. Man konnte sehen, dass die Katze häufig zwischen den Tatzen der Bärin schlief. Einmal wurden sie wegen des Umbaus des Bärenfelsens getrennt und die Katze miaute daraufhin mehrere Tage und Nächte. Die Zoo-Direktion entschied sich für den Einbau eines Zugangs für die Katze, damit sie die Bärin wieder treffen konnte. Somit wurde alles wieder gut und die beide waren so glücklich und unzertrennlich.

- ## Die Henne und der Welpe

Nachdem sie aufgrund einer Wunde am Fuß vor dem Kochtopf gerettet wurde, fand das Huhn Mable ein neues Wunder, als sie in das Haus ihrer Besitzer einzog: Hundewelpen! Aus irgendeinem Grund begluckte die einjährige Henne die Welpen und hielt sie warm, während ihre Hundemutter lieber im Hof war.

- **Bubbles der afrikanische Elefant und Bella der schwarze Labrador**

  Das ist eine der tollsten Freundschaften, über die ich gelesen habe. Die beiden Tiere lebten in der Myrtle Beach Safari in South Carolina in den USA. Sie spielten zusammen im Wasser.

Bubbles und Bella © via Barry Bland

- **Milo der Hund und Bonedigger der Löwe**

  Milo, der kleine Dackel nahm das Löwenjunge Bonedigger unter seine Fittiche, als festgestellt wurde, dass der Löwe an Knochenerweichung litt und deswegen behindert war. Fünf Jahre später ist der 250kg Löwe noch immer bester Freund des 5kg Dackels und dessen beiden Artgenossen Bullet und Angel.

- **Die Katze und der Fuchs**

  Dieses seltsame Paar wurde beim Spielen am Ufer des Van Sees in der Türkei von Fischern entdeckt. Man weiß nicht viel über sie, außer dass sie sehr süß und sehr verspielt sind.

- **Suryia der Orang-Utan und Roscoe der Blue Tick Hound**

  Suryia und Roscoe leben zusammen in den USA in einem Reservat für bedrohte und seltene Tiere. Während Orang-Utans tatsächlich bedroht sind, trifft das auf Hunde natürlich weniger zu. Aber Roscoe hat mit Suryia gelebt, seit er ihr zu ihren neuen Pflegern gefolgt ist. Es sah nicht so aus, als hätte Roscoe ein anderes zuhause und so blieb er bei Suryia und seitdem sind sie dicke Freunde.

- ## Shere Khan, Baloo und Leo

Die Geschichte von Shere Khan dem Tiger, Baloo dem Bären und Leo dem Löwen ist wirklich berührend. Alle drei wurden aus den Fängen eines Drogenhändlers gerettet, der sie furchtbar missbraucht hatte. Baloo musste sogar operiert werden, damit das Geschirr, das in seine Haut eingewachsen war, entfernt werden konnte – der Besitzer hatte sich nie die Mühe gemacht, es anzupassen. Weil sie so viel zusammen durchgemacht haben, sind die drei Freunde jetzt unzertrennlich. Sie leben glücklich in der Noah's Ark Animal Sanctuary in den USA.

Shere Khan, Baloo und Leo von http://www.resharew orthy.com/most-beautiful-and-heartwarming-trio/

- ## Tiger

und Ziege als beste Freunde

Ein Tiger in einem Wildpark in Russland bekam einen Bock zum Mittagsessen. Die Ziege ließ sich diese Idee aber nicht gefallen und wehrte sich so lange mit ihren Hörnern, bis der Tiger von ihr abließ und sie bei sich wohnen ließ. Der Beginn einer wunderbaren Freundschaft.

Freundschaft zwischen einem Tiger und einer Ziege Foto: www.safaripark25.ru

- ## Eine Schlange und eine Ratte

Die Künstlerin Nina Katchadourian erzählt:
„Während ich an einem Bild arbeitete, entwickelte sich ein interessantes Nebenprojekt: Die Schlange mit der ich arbeitete freundete sich mit einer Ratte an, die ihr ursprünglich als Futter gegeben worden war. Als ich sie

traf lebten sie schon seit Wochen zusammen (die Schlange aß andere Ratten, aber diese eine rührte sie nicht an). Die Tiere fühlten sich total wohl miteinander und ich habe eine Reihe von Fotos geschossen, die das dokumentieren." (Siehe http://www.ninakatchadourian.com/confusinganimals/carla.php)

Schlange und Ratte. © Nina Katchadourian, http://www.ninakatchadourian.com/confusinganimals/carla.php

Weitere Geschichte erzählen von Freundschaften zwischen Eisbären und Schlittenhunden, oder zwischen einer Katze und einer Eule, einem Hirschkalb und einem Luchs, einem Warzenschwein und einem Nashorn und vielen weiteren Tieren.

5. Tiere, die fremde Tiere adoptieren

Es gibt auch im Tierreich die Adoption von fremden Tieren. Es gibt Tiere, die fremde Tierbabys übernehmen und sich um sie kümmern, als wären es ihre eigenen. Hier sind einige Beispiele solcher Geschichten:

- Ein Hund adoptierte Tigerbabys

- Eine Löwin in Uganda nahm ein Antilopenbaby auf, nachdem sie dessen Mutter getötet und gefressen hatte. Sie säugte es und packte es, wie sie es mit ihrem eigenen Baby gemacht hätte, im Nacken und brachte es in den Schatten.

- Eine Riesenschildkröte wurde die Ersatzmutter eines jungen Nilpferds
- Eine Katze namens Hiroko adoptierte nach dem Tod ihrer drei Kätzchen Küken
- Die Katze Arnie kümmerte sich um die kleine Löwin Zara, bevor diese nach Uganda gebracht wurde
- Ein kleines Eichhörnchen wurde von der Katze „Sugar“, ihrer Adoptivmutter, ernährt.

- In Neuseeland sah man, wie eine Kuh Lämmern Milch gab
- Auf einem Bauernhof in Iowa in den Vereinigten Staaten, sah man ein Huhn und eine Gans drei Entenküken adoptieren
- Ein Kaninchen hat einen ganzen Wurf Kätzchen erzogen, der von seiner Mutter verlassen worden war

6. Rekorde der Tiere

6.1. Die langsamsten Tiere der Welt

Das langsamste Tier der Welt ist die **Fleischfressende Schnecke** (die Bananenschnecke mit einer Gesamtlänge von bis zu 25 Zentimetern). Pro Stunde bewegt sie sich nur 9 Zentimeter. Das bedeutet, für einen Kilometer würde sie fast 47 Tage benötigen. Sie ist in Nordamerika zu finden.

Fleischfressende Schnecke (Bananenschnecke) © Andy Goryachev

Die Rote Schnecke kann bis zu 1,80 Meter pro Stunde kriechen. Für einen Kilometer würde sie fast 24 Tage brauchen.

Die Achatschnecke kann maximal 5 Meter in einer Stunde kriechen. Für einen Kilometer würde sie fast 8 Tage brauchen.

Das Faultier ist das langsamste Säugetier. In Bäumen legt es maximal 300 Meter in einer Stunde zurück, auf dem Boden sind es sogar nur 120 Meter in einer Stunde. Es braucht somit für einen Kilometer fast 7 Stunden. Es schläft 20 Stunden am Tag tief und fest und für das Verdauen einer Mahlzeit braucht das Faultier sogar einen ganzen Monat.

Faultier © Masteraah

Der langsamste Fisch ist das **Seepferdchen**. Es schwimmt in einer Stunde gerade mal 16 Meter.

Der langsamste Vogel kann nur 8 Kilometer pro Stunde fliegen. Es ist die Kanadaschnepfe.

Die **Boa** kann nur ca. 350 Meter in der Stunde kriechen.

Seepferdchen von http://www.photolib.noaa.gov/htmls/reef2027.htm

Das langsamste Reptil ist die **Seychellen-Riesenschildkröte** mit nur ca. 250m pro Stunde.

Seychellen-Riesenschildkröte © Arpingstone

6.2. Tiere, die am laustesten sind

Warum schreien Tiere? Haben sie Angst? Sind sie wütend? Oder ist es ihnen langweilig? Oder brüllen sie einfach so, aus Spaß? Vielleicht sind das alles auch Erklärungen, aber eigentlich brüllen die meiste Tiere, um die Konkurrenz zu warnen und Macht zu demonstrieren. Sie brüllen, um ihr Revier zu verteidigen. Sie wollen damit andere Tiere einschüchtern und ihnen sagen: „Geh bitte weg. Hier hast du nichts zu suchen. Ich bin der Chef. Alle diese weiblichen Tiere hier gehören mir.“ Durch die Intensität der Schreie werden öfter Streite oder Kämpfe zwischen Tieren entschieden, bzw. es kommt dann gar nicht mehr zum Kampf. Der Stärkere brüllt am stärksten und so erkennt der Gegner, dass er keine Chance hat und geht lieber weg.

Das mit Abstand lauteste Tier ist der **Pistolen- oder Knallkrebs mit 250 Dezibel**. Die Krebse sehen aus wie kleine Hummer und haben so eine Art „Wasserpistole“ in einer ihrer Scheren.

Pistolenkrebs © OpenCage

„Wenn der Krebs seine Pistolenschere spannt, dann ist sie geladen. Die Schere ist weit gespreizt und im Pistolenlauf steckt ein Wassertropfen drin. Dann drückt der Krebs ab, die Schere klappt blitzartig zusammen und die winzige Menge Wasser in der Scherenpistole wird so wahnsinnig schnell herausgeschossen, dass der Tropfen dabei heiß wird und verdampft. Eine kleine Dampfblase mitten im Meer. Diese Blase kann sich natürlich nicht halten, das Meer drückt ja von allen Seiten dagegen. Sie wird platt gedrückt. Und das macht den Knall. Setzt man einen Pistolenkrebs in ein gro-

ßes Glas und er knallt dort drin, dann wird das Glas mit ziemlicher Sicherheit in tausend Stücke zerspringen.

Kein Wunder, dass im Zweiten Weltkrieg die U-Bootfahrer keine gute Meinung von dem kleinen Krebs mit seiner Wasserpistole hatten. Mit seiner Knallerei brachte er nämlich ihre Ortungsgeräte durcheinander und das U-Boot war dann im wahrsten Sinne des Wortes blind wie ein Maulwurf und taub wie ein Regenwurm – mitten im Ozean."
Das kann man auf www.br-online.de lesen.

Das lauteste Säugetier ist der **Pottwal mit 230 dB** gefolgt vom **Blauwal mit 188 Dezibel.**

Das lauteste Insekt ist **die Zikade mit 107 Dezibel**.

Das lauteste Landsäugetier ist der **Löwe mit 114 dB** (man kann das Gebrüll eines Löwen in neun Kilometern Entfernung hören), gefolgt von den **Brüllaffen**, die in Mittel- und Südamerika leben, **mit 100 Dezibel.** Ihr Geschrei hört sich an wie eine Mischung aus Hundegebell und Eselschreien und sie sind über Entfernungen bis zu 5 Kilometern klar und deutlich zu hören.

Brüllaffen © Steve from washington

Die Fledermaus schreit eigentlich stärker und lauter als Löwen und Brüllaffen oder ein Düsenjäger. **Mit bis zu 140 dB** gehört sie zu den lautesten Tieren der Welt, aber die Menschenohren können das nicht hören, weil die Schreie im Ultraschallbereich sind und somit für uns viel zu hoch sind.

Zum Vergleich:

130 Dezibel: Autorennen

120 Dezibel: Düsenjäger

120 Dezibel: Gewitterdonner

110 Dezibel: Motorsäge, Autohupe

90 Dezibel: Lastwagen

80 Dezibel: Telefonläuten

70 Dezibel: Fernseher

55 Dezibel: normales Gespräch

20 Dezibel: Ticken einer Armbanduhr

10 Dezibel: Atmen, raschelndes Blatt

Lustige Rekorde der Menschen:

127,2 dB lautestes Schreien einer Gruppe, fand 2005 in Finnland statt

125 dB lautestes Pfeifen, 2004 von Marco Ferrera in Kalifornien

114,2 dB lautestes Schnalzen einer Zunge, 2003 von Richmond Hill in Kanada

111 dB lautester Applaus, 2009 in Portugal

83,2 dB lautestes Fingerknacken von Spanier Miguel Ángel Molano

6.3. Welche Tiere können am besten riechen?

Der Aal kann am besten riechen. Er braucht eine gute Nase, um hin und her zu schwimmen. Er wird im West-Atlantik geboren, lebt aber in Flüssen. Wenn er Babys haben will, muss er wieder zurück in den Atlantik. Das sind mehrere Tausend Kilometer, die er zurücklegt, um genau dahin zu kommen, wo er selbst geboren wurde. Er findet den Weg nur durch Riechen. Seine Nase sitzt in seinem Mund.

Hunde und Wölfe können Beute über mehrere Kilometer weit riechen.

Wolf

Der Elefant kann mit seiner Nase Wasser riechen und finden.

Trüffelschwein

Das Trüffelschwein kann mit seinem Rüssel Pilze, die tief in der Erde wachsen, erschnüffeln.

Der Ameisenbär kann eine einzelne Termite riechen.

Ameisenbär © Malene Thyssen

6.4. Altersrekorde der Tiere: Die ältesten Tiere

Es gibt Tiere, die nur einen Tag lang leben, manche auch nur für einige Stunden. Aber es gibt auch solche wie Schildkröten, Wale, Vögel und Elefanten, die viel älter werden als die Menschen.

Die Zahlen variieren je nach Quelle. Meiner Meinung nach kann man auch das Höchstalter einer Tierart nicht genau bestimmen, denn nicht alle Tiere werden untersucht. Man kann immer nur Tiere untersuchen, die man gefangen hat. Jene, die man nicht gefangen hat, können vielleicht viel älter sein. Aber die Daten der Forscher sind eine Orientierung anhand derer man ungefähr weiß, wie alt ein Tier werden kann.

Die ältesten Tiere sind:

- Die **Turritopsis Dohrnii**. Das ist eine **Quallenart**, die theoretisch unsterblich ist. Sie leben in den gemäßigten bis tropischen Regionen der Weltmeere, gehören zur

Gattung A. joubini und leben am Boden der antarktischen Ozeangebiete.

Unsterbliche Qualle von thats-strange.blogspot.de/

- Nach der Qualle ist das älteste Tier der Welt mit mindestens 10.000 Jahren der
  Riesenschwamm, der wegen seiner Kegelform auch „Vulkanschwamm" genannt wird. Er lebt auf dem Meeresgrund in der Antarktis. Er kann bis zu zweimal zwei Meter groß werden und sieht wie eine Vase aus. Er hat weder Beine noch Flossen, kann nicht schwimmen und lebt sein Leben lang an der gleichen Stelle.

Riesenschwamm © Norbert Wu, National Science Foundation

- Manche **Muscheln** am Meeresgrund können bis zu 400 Jahre alt werden.
- **Riesenschildkröten** können bis zu 250 Jahre alt werden. Die älteste lebende Schildkröte heißt Esmeralda und lebt auf der Seychelleninsel Bird Island. Sie ist 400 Kilo schwer und ihre Panzerlänge beträgt ca. 1,80m. Berichten zufolge ist sie 1771 geschlüpft und damit über 240 Jahre alt (Stand 2011). Aber es gibt darüber verschiedene Angaben bei anderen Quellen.

- 200 Jahre können **Wale** leben. Der **Grönlandwal**, der nur in kaltem, arktischem Wasser lebt, kann über 200 Jahre alt werden.

Grönlandwal © Heike Pahlow

- 152 Jahre kann ein Fisch namens **Stör** alt werden, wenn er nicht vorher von Menschen gefangen wird. Der Stör ist einer der teuersten Fische der Welt, denn seine Eier werden zu Kaviar verarbeitet.
- Bis 120 Jahre gelten für **Zierkarpfen**. Es gab sogar Exemplare die 250 Jahre alt waren.
- 110 Jahre alt können **Flussperlmuscheln** werden.

Hummer

- Bis zu 100 Jahre können **Hummer** leben.

Kakadu

- 100 Jahre können auch Kakadus erreichen.
- Bis zu 80 Jahre können **Elefanten** leben.
- 60 Jahre alt kann ein **Schimpanse** werden.

Hier ein kleiner Überblick über das tierische Alter von

Insekten:

Eintagsfliege: 1 Tag

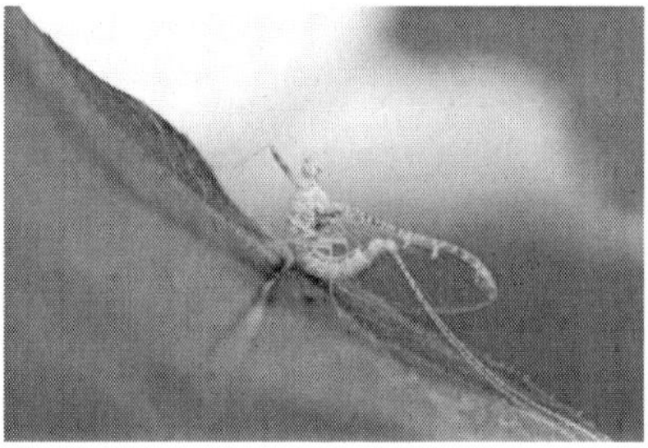

Eintagsfliege

Maikäfer: bis zu 6 Wochen

Maikäfer

Ameise: bis zu 7 Jahre

Ameise

Haustiere:

Hausmaus: bis zu 6 Jahre

Hausmaus von National Institutes of Health

Hauskaninchen: 6-10 Jahre

Hausrind: bis zu 30 Jahre

Haushund: bis zu 29 Jahre

Hauskatze: bis zu 34 Jahre

Pferde: bis zu 40 Jahre

Hauskatze © 4028mdk09

Wilde Säugetiere:

Maulwurf: 4 Jahre

Maulwurf

Igel: 14 Jahre

Wildkaninchen: 18 Jahre

Fledermaus (Hufeisennase): 30 Jahre

Grizzlybär: 30 Jahre wildlebend, 50 Jahre in Gefangenschaft

Grizzlybär

Braunbär: 47 Jahre

Breitmaulnashorn, Nilpferd: 50 Jahre

Breitmaulnashorn

Asiatischer Elefant: 78 Jahre

Afrikanischer Elefant: 60 Jahre wildlebend, 80 Jahre in Gefangenschaft

Rhesusaffe: 36 Jahre

Gorilla: 47 Jahre

Orang-Utan: 35 Jahre wildlebend, 59 Jahre in Gefangenschaft

Schimpanse: 60 Jahre

Seehund: 40 Jahre

Baikalrobbe: 56 Jahre

Baikalrobbe © Per Harald Olsen

Delphin: 20 Jahre

Buckelwal: 95 Jahre

Blauwal: 110 Jahre

Finnwal: 116 Jahre

Vögel:

Zaunkönig: 4 Jahre

Felsentaube: 6 Jahre wildlebend, 35 Jahre in Gefangenschaft

Haussperling: 13 Jahre

Breitschwanzkolibri: 12 Jahre

Rabe: 23 Jahre

Rabe

Heringsmöwe: 30 Jahre wildlebend, 44 Jahre in Gefangenschaft

Gänsegeier: 41 Jahre

Strauß: 50 Jahre

Königsalbatros: 58 Jahre

Königsalbatros

Graupapagei: 73 Jahre

Reptilien:

Königskobra: 17 Jahre

Nilkrokodil: 18 Jahre

Klapperschlange: 30 Jahre

Europäische Sumpfschildkröte: 28 Jahre

Schnappschildkröte: 47 Jahre

Schnappschildkröte

Mississippi-Alligator: 56 Jahre

Mississippi Alligator

Seychellen-Riesenschildkröte: 250 Jahre

Fische:

Kabeljau: 16 Jahre

Atlantischer Hering: 22 Jahre

Karpfen: 38 Jahre

Goldfisch: 41 Jahre

Goldfisch

Aal: 88 Jahre

Beluga-Stör: 118 Jahre

6.5. Die Tiere mit den besten Augen

Greifvögel haben die schärfsten Augen im Tierreich.

Turmfalke © Andreas Trepte, www.photo-natur.de

Der Turmfalke kann auch aus 8 Kilometern Entfernung noch eine Taube erkennen. Menschen schaffen das nicht, auch nicht mit einem super Fernglas.

Ein Geier erkennt einen toten Hasen aus einer Höhe von mehreren Kilometern, noch bevor wir den Vogel in der Luft überhaupt sehen könnten.

Geier © Yann

Adler können auch sehr gut sehen. Sie können ein Kaninchen noch aus 1,5 Kilometern Entfernung erkennen.

Warum können Raubvögel so gut sehen?

Diese extreme Sehschärfe der Vögel ist mit der hohen Zahl an Lichtrezeptoren in ihren Augen zu erklären: Auf einer kleinen Fläche von einem Quadratmillimeter ihres Augenhintergrunds können bis zu einer Million Lichtzellen vorhanden sein, 5- bis 7-mal so viele wie beim Menschen.

Weißkopfseeadler © Dave Menke

6.6. Welche Vögel fliegen am längsten und weitesten?

Eine bestimmte Art von Mauersegler, der **Alpensegler** (Tachymarptis melba), kann 200 Tage lang fliegen ohne den Boden zu berühren. Forscher der Schweizerischen Vogelwarte haben festgestellt, dass dieser Vogel in sechs Monaten von der Schweiz nach Afrika und zurück fliegen kann, ohne zu landen. Er isst und schläft im Flug.

Alpensegler von www.vogelwarte.ch

Pfuhlschnepfen halten den Rekord des längsten Flugs ohne Pause. Sie können bis zu neun Tage durchfliegen, ohne zu essen und ohne zu schlafen. Sie können ohne anzuhalten von Alaska nach Neuseeland fliegen, das sind etwa 11.700 Kilometer.

Pfuhlschnepfe © Andreas Trepte, www.photo-natur.de

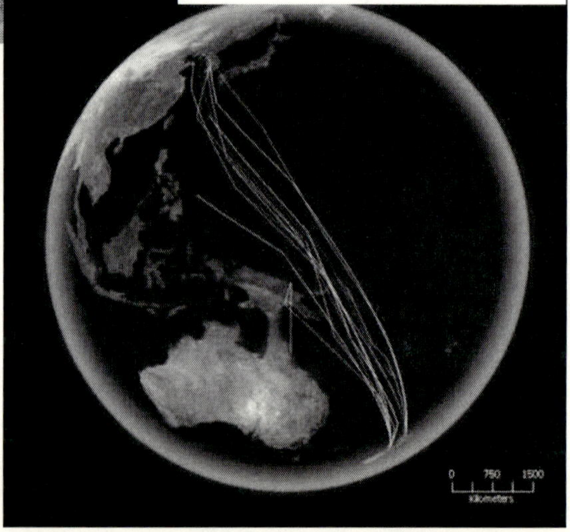

Flugroute der Pfuhlschnepfe - dankend von U.S. Geological Survey

Küstenseeschwalben können mit Pausen über 40.000 Kilometer von ihrem Brutgebiet an den Küsten Grönlands und Alaskas bis zum ihrem Winterquartier in der Antarktis zurücklegen.

Küstenseeschwalbe Andreas Trepte, www.photo-natur.de

6.7. Welche Tiere können rückwärts fliegen?

Kolibri © Mdf

Unter den Hunderten von Tausenden von Vögeln, die unseren Planeten bevölkern, ist nur einer dabei, der in der Lage ist, rückwärts zu fliegen: Es handelt sich um den **Kolibri**. Er kann es sogar schaffen, stillzustehen!

Das Geheimnis liegt in seinen Flügeln versteckt: Mit 55-75 Schlägen pro Sekunde bewegen sie sich rasend schnell. Der Kolibri ist auch der weltweit kleinste Vogel.

Hummeln sind die einzigen Insekten, die rückwärts fliegen können.

Hummel © James Lindsey at Ecology of Commanster

6.8. Vögel, die nicht fliegen können

Man schätzt, dass es über dreißig Vogelarten gibt, die nicht fliegen können. Am bekanntesten sind dabei:

Kasuare

Kasuar © Dezidor

Nandus

Nandu © Thorsten Bachner

Kiwis

Kiwi © Maungatautari

Pinguine

Pinguin © Wilfried Wittkowsky

…und Strauße

6.9. Welche Tiere schlafen am längsten?

Die **Hausschnecke** (Escargot de Maison) kann bis zu 3 Jahre schlafen.

Schnecke © Hedwig Storch

Murmeltiere können im Winter bis zu 7 Monaten am Stück schlafen.

Murmeltier © Syeo

Die **Braune Fledermaus** schläft 20 Stunden.

Braune Fledermaus von www.nps.gov/sagu/naturescience/insectivorous-bats.htm

Koala © Guillaume Blanchard

Der **Koala** ist mit 20 Stunden (manche sagen 14 Stunden) Schlaf pro Tag das faulste Tier der Welt, zusammen mit dem Faultier, dem langsamsten Säugetier. Es schläft 20 Stunden am Tag tief und fest.

Tierart	Stunden Schlaf / Tag	Augenposition während des Schlafens
Kleine Taschenmaus	20,1	beide geschlossen
Faultier	20	beide geschlossen
Igel	18-20	
Braune Fledermaus	19,9	beide geschlossen
Südopossum	19,4	beide geschlossen
Gürteltier	18,5	beide geschlossen
Hauskatze	18	beide geschlossen
Nachtaffe	17,0	beide geschlossen
Wildkatze bis Katze	14	beide geschlossen
Gepard	12	beide geschlossen
Taube	11,9	ein Auge manchmal offen
Haushuhn	11,8	ein Auge manchmal offen
Schimpanse	10,8	beide geschlossen
Hund	10,7	beide geschlossen
Kaiserpinguin	10,5	ein Auge manchmal offen
Gorilla	10	beide geschlossen
Fruchtfliegen	10,0	keine Augenlider
Ente	9,1	ein Auge manchmal offen
Kaninchen	8,7	beide geschlossen
Schwein	8,4	beide geschlossen

Idee von Wikipedia.

6.10. Welche Tiere schla-fen am wenigsten?

Es gibt sogar Tiere, die nie richtig schlafen.

Delfine und **Wale** haben den sogenannten **Halbhirnschlaf**. Sie schlafen nie richtig, sondern immer nur mit einer Hirnhälfte und machen dabei auch nur das eine Auge zu. Die andere Hälfte des Gehirns ist hellwach und arbeitet normal.

Delfine © Mikol

Nach 1-3 Stunden wechseln sie, die andere Gehirnhälfte darf nun schlafen.

Sie müssen so schlafen, um nicht zu ertrinken, denn als Säugetiere müssen sie regelmäßig an die Wasseroberfläche schwimmen, um Luft zu holen.

Pottwale © Gabriel Barathieu

Ein **Asiatischer Elefant** schläft nur ca. 5 Stunden am Tag.

Eine **Kuh** braucht nur 4 Stunden am Tag zu schlafen.

Pferde sind als Fluchttiere immer in Alarmbereitschaft. Die ganze Zeit dösen sie nur. Sie erreichen 2,9 Stunden am Tag.

Die **Giraffe** kommt auf nur 1,9 Stunden/Tag.

Giraffe © Hans Hillewaert

Zugvögel machen auf ihren langen Reisen sehr wenig Pause. Deswegen machen sie für eine kurze Zeit in der Luft die Augen zu, fliegen aber weiter.

Die **Eintagsfliege** hat nicht die Zeit, um zu schlafen.

6.11. Die größten und längsten Tiere der Welt

Der Afrikanische Elefant ist das größte Säugetier auf dem Land. Er wird in der Regel bis zu 7,5 Tonnen schwer und 3,70 m hoch. Der größte Elefant der je gemessen wurde war 3,96 m hoch und wog 12,2 Tonnen. (1974 Angola)

Afrikanischer Elefant © Ikiwaner

Größtes Säugetier der Welt: Blauwale haben eine Länge von bis zu 35 Metern und ein Gewicht von bis zu 190 Tonnen. 1947 wurde in der Nähe der Antarktis ein besonders schwerer Blauwal gefangen: Er wog 220 Tonnen und war 27,6 Meter lang. Die Blauwale halten auch den Rekord der größten Nachkommen: Ein durchschnittlicher Blauwal ist, wenn er zur Welt kommt, 6-8 Meter lang und wiegt 2-3 Tonnen. Er übertrifft sogar die größten Dinosaurier.

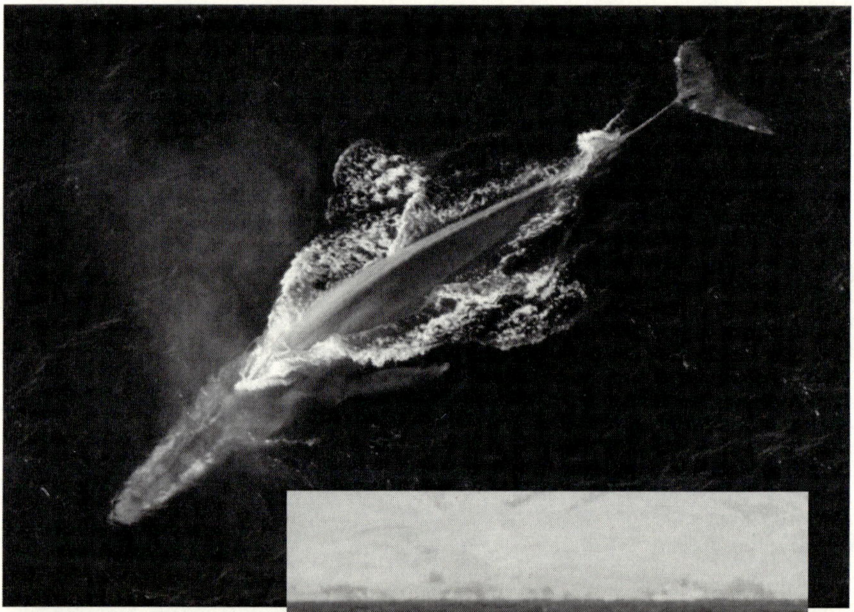

Blauwal © NOAA Photo Library

Blauwalflosse

© Mike Baird

Anakonda © Wagnermeier

Die Anakonda und der Netzpython sind die größten Schlangen. Sie können bis zu 10 m lang werden.

Python © S. Herbert / pixelio

Höchstes Säugetier: Ausgewachsene Giraffenbullen werden bis zu 5,5 Meter hoch. Die höchste bekannte Giraffe war 5,88 Meter hoch (gemessen von den Hufen bis zu den Hörnern).

Giraffen

Die Massai in Kenia, Afrika, zählen zu den größten Menschen. Der größte Mensch überhaupt war der Amerikaner Robert Wadlow. Er wurde 2,72 m groß.

Größtes Weichtier: Das größte Weichtier ist der Riesenkalmar bzw. Riesenkrake. Er lebt in der Tiefsee im Nordatlantischen Ozean und wird in der Regel 22 m lang. Experten schätzen, dass ein ausgewachsener Krake sogar bis zu 75 m lang werden kann. Dies ist aber nur eine Vermutung.

Riesenkalmar © Daniela Ziebell

Größtes Insekt:

Die Stabheuschrecke mit bis zu 38 cm.

Stabheuschrecke - links Männchen, rechts Weibchen © Drägüs

Größte Spinne: Die Spannweite der Beine einer **Riesenvogelspinne** (Theraphosa leblondi) beträgt bis zu 28 cm. Sie lebt vor allem in Brasilien, Venezuela und Guyana.

Vogelspinne © George Chernilevsky

Vogelspinne

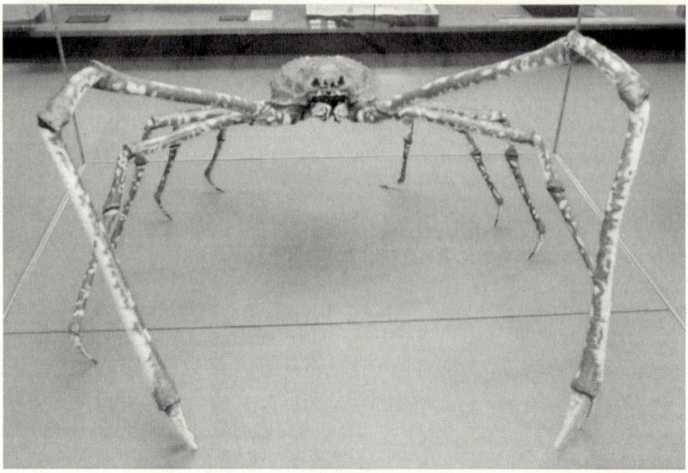

Japanische Seespinne © Karl-Heinz Meurer

Größtes Krebstier: Das größte bekannte Krebstier ist die Japanische Seespinne. Die Spannweite ihrer Beine beträgt 4 Meter. Ihr Lebensraum ist sowohl der Atlantik und der Pazifik als auch der Indische Ozean.

Größter Lurch: Der Japanische Riesensalamander ist 1,50 Meter lang. Er kommt hauptsächlich in Japan vor.

Japanischer Riesensalamander © Naturalis.nl Sieboldcol-

Größtes Kriechtier: Das Leistenkrokodil wird in Ausnahmefällen über 7 Meter lang. Seine Heimat erstreckt sich über Südasien, Indonesien, die Philippinen, Neuguinea und Australien.

Leistenkrokodil von Molly Ebersold von der St. Augustine Alligator Farm

Größter Laufvogel: Der Strauß wird 2,70 m hoch. Er lebt vorwiegend im südlichen Afrika.

Strauß © KuK

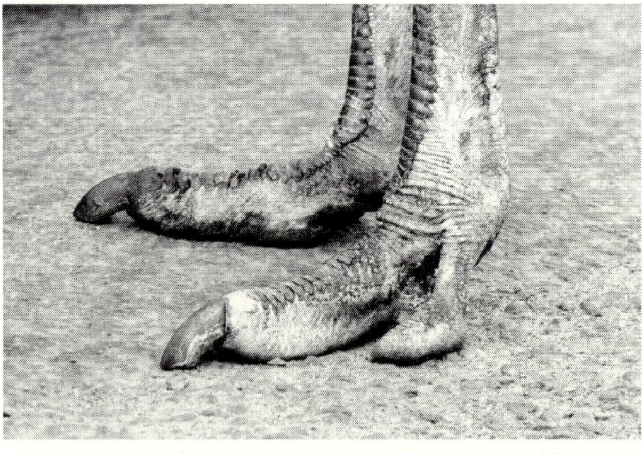

Der Fuß mit seinen Krallen ist eine gefährliche Waffe!

Größter Fisch: Der Walhai ist bis zu 13,7 Meter lang und wiegt ca. 12 Tonnen. Er bevorzugt Temperaturen zwischen 21 und 25 Grad Celsius und man findet ihn in tropischen o-der subtropischen Regionen.

Walhai © Derek Keats

Größter fliegender Vogel: Der Wanderalbatros hat eine Flügel-spannweite von 3,5 m. Der Andenkondor hat eine Spannweite von bis zu 3,25 m. Er lebt in Südamerika.

Wanderalbatros
© JJ Harrison

Schnurwürmer sind mit 55 m Länge und einem Durchmesser von 1 cm die längsten Tiere der Welt.

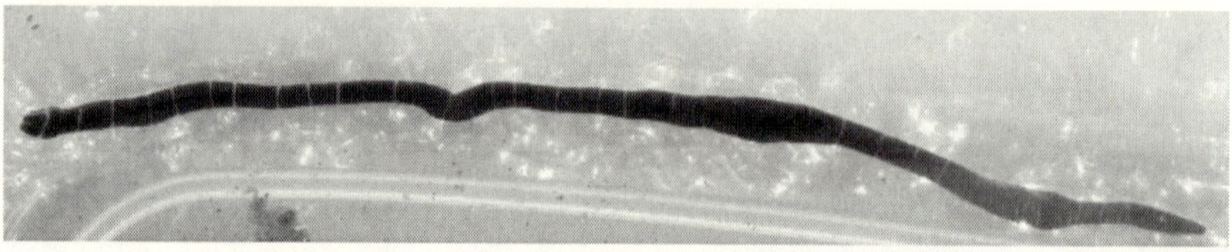

Schnurwürmer ©Keisotyo

Das größte Landraubtier ist der Eisbär **mit einer Größe von 3,5 m und einem Gewicht von bis zu 1000 kg.**

Eisbär © Ansgar Walk

Der größte Hund der Welt ist der Mastino Napoletano. Er wird bis zu 80 cm hoch.

Die größte reinrassige Katze ist der Sibirische Tiger.

Sibirischer Tiger © Appaloosa

Der Sibirische Tiger ist die größte Unterart des Tigers. Die Kopf-Rumpf-Länge beträgt meist etwa 190–220 cm, in Ausnahmefällen auch bis zu 280 cm; die Schwanzlänge ca. 100 cm, die Schulterhöhe bis zu 110 cm. Somit ist er größer als der Königstiger, der die zweitgrößte Unterart des Tigers repräsentiert. Männliche Sibirische Tiger wiegen zwischen 180 und 306

kg, Weibchen 100 bis 167 kg. (Wikipedia)

Die größte Katze der Welt ist der Liger. Liger sind Hybride aus der Kreuzung eines männlichen Löwen und eines weiblichen Tigers.

Liger © Camphora

Dieser Liger weist sowohl eine kleine Löwenmähne als auch schwach ausgeprägte Tigerstreifen auf.

Liger © The cloudless sky

Auf dem Land war das größte lebende Tier der Brachiosaurus. Er maß 30 Meter Körperlänge vom Kopf bis zum Schwanz und wog 100 Tonnen.

Brachiosaurus © Nobu Tamura

Alle Informationen mit freundlicher Genehmigung von mark-ariu.de/rekorde-in-der-tierwelt.

6.12. Die kleinsten Tiere

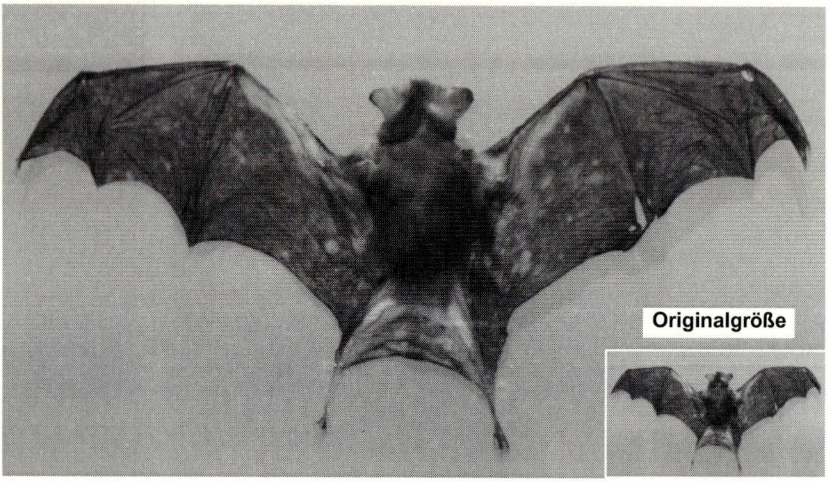

der Welt

Schweinsnasenfledermaus © Momotarou2012

Das kleinste Säugetier der Welt, das zunächst für ein Insekt gehalten wurde, ist die **Schweinsnasenfledermaus.** Der Körper der Tiere wird nur etwa 2,9-3,3 cm lang, die Flügelspannweite beträgt 13-14,5 cm. Sie wiegen etwa 1,7-2,0

Gramm. Die Tiere leben vor allem in Kalksteinhöhlen am Fluss Kwae Noi in Thailand.

Der kleinste Vogel ist die Bienenelfe, ein Kolibri, auch Hummelkolibri genannt. Sie wird nur etwa 57 mm groß und wiegt 1,6 g.

Bienenelfe © Jônatas Cunha

Stummelschwanzchamäleon © B Kimmel

Die Stummelschwanzchamäleons wiegen selten mehr als ein Gramm. Sie kommen auf Madagaskar vor.

Kleinstes Kriechtier:

Der Kugelfingergecko ist 18 mm lang und lebt auf den Jungferninseln.

Kugelfingergecko © Stephane8888

Kleinster Lurch: Stumpffia Pygmaea

10-12 mm lang.

Lebensort: Brasilien.

Stumpffia Pygmaea © Frank Vassen

Kleinster Fisch: Der Schindlerfisch (Schindleria brevipinguis), ist ein durchsichtiger Fisch mit großen Augen aus der Familie der Schindlerfische und wird 8 mm lang. Er ist ein Verwandter der Grundeln, und ist mit einem Körpergewicht von einem tausendstel Gramm das kleinste Wirbeltier. Lebensraum: Great Barrier Reef.

Kleinstes Insekt: Zwergwespe bzw. Schlupfwespe 0,2 mm lang. Die Zwergwespe ist weltweit zu Hause.

6.13. Tiere, die nicht springen können

Von allen bis jetzt beobachteten Tieren scheint der **Elefant** tatsächlich das einzige Tier der Welt zu sein, das nicht springen kann. Mindestens ein Fuß hat immer Bodenkontakt. Dies hat mit seiner Knochenstruktur zu tun. Der Elefant kann seine Beine nicht genug verbiegen, um ausreichend Kraft aufzubauen und von der Erde zu hüpfen.

Afrikanischer Elefant © nickandmel2006

Manche denken, dass Nashörner, Schildkröten, Schnecken nicht springen können, aber das ist falsch. Sie können alle springen!

6.14. Die schwersten Tie-re

Der Blauwal ist **das schwerste Säugetier** der Welt und das schwerste Tier im Wasser. Er wird bis zu 200 Tonnen schwer.

Schwerster Fisch ist der Walhai mit bis zu 20 Tonnen.

Walhai

Auf dem Land ist der afrikanische Elefant das schwerste Säugertier mit bis zu 6 Tonnen, gefolgt vom Flusspferd mit 4,5 Tonnen, dem See-Elefanten mit 4 Tonnen und dem Nashorn, auch bis zu 4 Tonnen schwer.

Schwerstes Reptil: Das Leistenkrokodil wiegt bis zu 2000 Kilogramm und kann bis zu 100 Jahre alt werden. Gefolgt von der Lederschildkröte mit bis über 900 kg.

Schwerster Bär ist der Eisbär mit 900 kg.

Schwerster Vogel: Der Afrikanische Strauß wiegt bis zu 160 Kilogramm.

Schwerste Schlange ist die Anakonda, sie kann bis über 100 kg wiegen.

Riesentrappe © Der Hexer

Schwerster flugfähiger Vogel ist die Riesentrappe, sie kann bis zu 22 kg wiegen.

Goliathfrosch © Ryan Somma

Der schwerste Frosch, der Goliathfrosch, erreicht fast 3 kg.

Schwerstes Insekt ist der Goliathkäfer, er wiegt bis zu 200 Gramm. Seine Larven wiegen bis zu 110 Gramm.

Goliathkäfer © H. Zell

7. Die gefährlichsten und giftigsten Tiere der Welt

Wenn man von gefährlichen Tieren spricht, denkt man sofort an Löwen, Schlangen, Haie, Krokodile, Wölfe usw. Aber das gefährlichste Tier der Welt für die Menschen, durch das jährlich Millionen Menschen sterben, ist ein kleines, unscheinbares Insekt: ein **Moskito**, der Malaria überträgt.

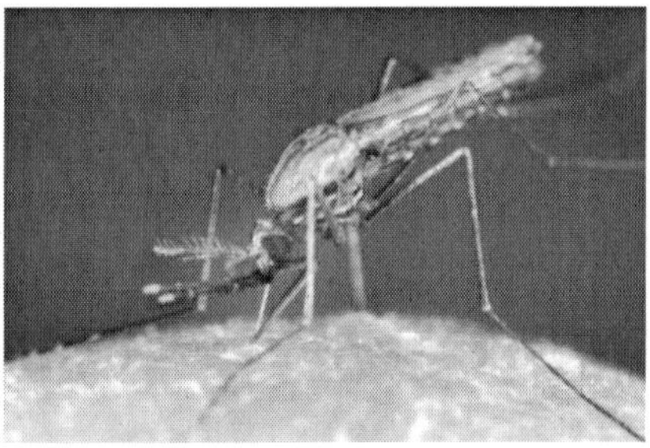

Weiblicher Moskito

Male Mosquito

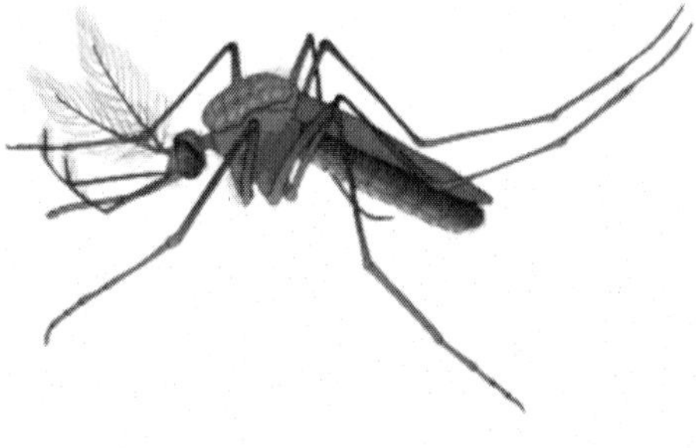

Tiere haben ihr Gift nicht, um etwas Böses zu tun, oder einfach so, ohne Grund. Gift ist für viele Arten überlebenswichtig, um sich zu schützen oder um Beute zu fangen. Es zählt zu den wirkungsvollsten Waffen der Tierwelt. Das Gift wird mit Hilfe von Stacheln, Zähnen, Klauen oder gar Speichel dem Opfer oder Feind injiziert, mit den unterschiedlichsten Auswirkungen. Es kann je nach Giftdosis und Intensität zu Lähmungen, zum Atemstillstand oder sogar zum Tod führen.

Die giftigsten Tiere der Welt sind nicht Spinnen, Schlangen oder Skorpione. Schauen wir uns die Liste der gefährlichsten Tiere einmal an:

Seewespe

An erster Stelle kommt eine Qualle: Die Seewespe. Die Seewespe, eine Art der Würfelqualle, gilt als giftigstes Tier der Welt und lebt vor den Küsten Australiens.

Mit ihrem Gift könnte eine Qualle bis zu 250 Menschen töten. Mehr als 5.500 Todesfälle sind bekannt. Hilfe muss sehr schnell erfolgen, aber meist schaffen es die Betroffenen nicht mal mehr zurück zum Ufer. Die Seewespe besteht zu 99 Prozent aus Wasser und zu lediglich einem Prozent aus

Seewespe

zwei hauchdünnen Zellschichten. Die Seewespe hat weder Gehirn, Herz, noch Lunge. Sie ist nahezu durchsichtig und ihre 30 Zentimeter große Schwimmglocke ist im Wasser kaum zu erkennen. Das macht sie so gefährlich. Ihre Tentakel können ca. 2-3 Meter lang sein. Sie ernährt sich von Fischen und Garnelen. Bei einer Berührung mit ihr schießt ein Nesselschlauch in Sekundenschnelle aus der Kapsel, bohrt sich harpunenartig in die Haut und überträgt das Gift. Im

Extremfall wird der Betroffene innerhalb kürzester Zeit bewusstlos, da das starke Gift hauptsächlich das Nervensystem angreift. Man muss dann schnell reagieren und ein Gegenmittel einnehmen, denn ohne dieses können bereits nach wenigen Minuten Muskel- und Atemlähmung sowie Herzstillstand eintreten. Jedes Jahr sterben durch das Gift der Seewespe rund 70-100 Menschen.

Erste Hilfe: Tentakel sofort entfernen, damit sich nicht weitere Nesselkapseln entladen können; handelsüblichen Essig über die verwundete Haut gießen.

Die Schwarze Mamba

Schwarze Mamba © Tim Vickers

Die schwarze Mamba wird als die gefährlichste Schlange der Welt eingestuft. Sie ist sehr schnell, ihr Gift ist oft tödlich.

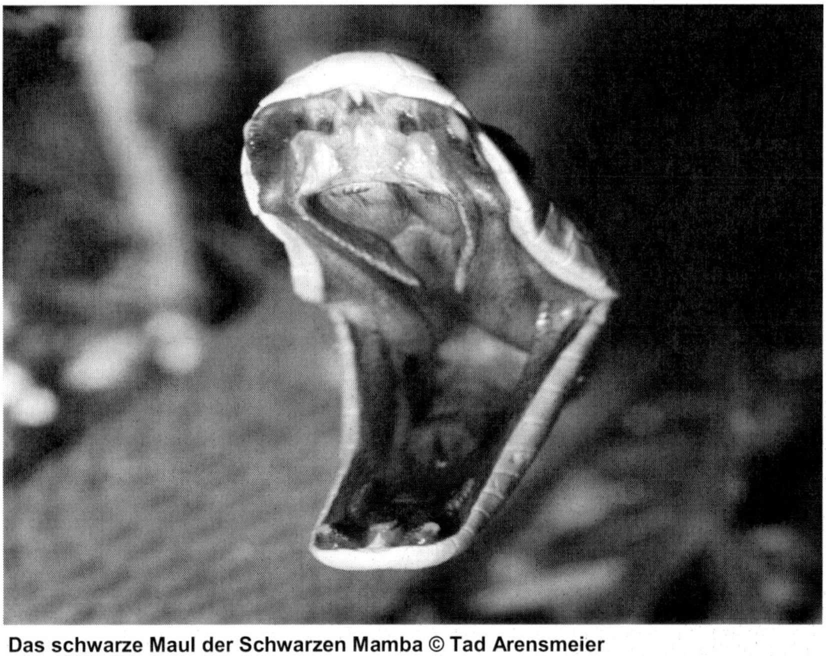

Das schwarze Maul der Schwarzen Mamba © Tad Arensmeier

Schwarze Mamba

Inlandtaipan

Wird auch Westlicher Taipan genannt und ist die giftigste Schlange der Welt. Er ist in Australien heimisch. Der Inlandtaipan kann als einzige Schlange Australiens seine Farbe ändern. So ist er während der heißen Sommermonate eher hell gefärbt, um die Sonneneinstrahlung teilweise besser zu reflektieren und sich besser tarnen zu können. Im Winter dagegen ist er eher dunkler, um mehr vom Sonnenlicht absorbieren zu können. Bei vollen Drüsen reicht die Giftmenge eines Bisses aus, um bis zu 200 Menschen zu töten. Die Körperlänge des Taipans beträgt bis zu 2,5 m, wobei der Durchschnitt bei etwa 1,8 m liegt. Sein Kopf geht ohne Abhebungen direkt in den Körper über.

Inlandtaipan © XLerate

Dubois' Seeschlange
Sie ist die tödlichste Seeschlange der Welt. Seeschlangengift gilt als eines der stärksten Schlangengifte überhaupt. Die Dubois' Seeschlange ist die giftigste Seeschlange der Welt und gleichzeitig die dritt-giftigste aller Schlangen der Welt. Wenige Milligramm des Sekrets Dubois' Seeschlange reichen aus, um einen Menschen zu töten. Der Biss ist beinahe schmerzfrei und die Hautverletzung wegen der Feinheit der Zähne oft schwer zu sehen, auch Blutungen treten kaum auf. Es kann lange dauern bis die ersten Symptome nach dem Biss auftreten.

Dubois' Seeschlange © Aloaiza

Wikipedia schreibt: „Die ersten Anzeichen einer Nervenlähmung zeigen sich beim Menschen meist erst nach mehr als 30 Minuten, es kann allerdings auch einige Stunden dauern. Anfangs kommt es zu einem Trockenheitsgefühl im Hals und zu einer Zungenlähmung, meistens gemeinsam mit Übelkeit und Erbrechen. Den ersten Anzeichen folgen oft Angstattacken, Unruhe oder auch Euphorie. Nachfolgend werden die Extremitäten gefühllos, beginnend mit den Beinen. Die weitere Lähmung ist aufsteigend und setzt sich über die Bauch- und Brustmuskulatur fort, schließlich kann nur noch das Zwerchfell die Atmung leisten. Bis zu seinem Tod bleibt der Gebissene bei vollem Bewusstsein, obwohl er für einen Beobachter einen schlafenden Eindruck macht. Bei 25 Prozent der Todesopfer tritt der Tod spätestens acht Stunden nach dem Biss ein, bei 50 Prozent innerhalb von acht bis 24 Stunden und bei den verbleibenden 25 Prozent nach bis zu drei Tagen.“

Sydney-Trichternetzspinne

Sie ist sehr aggressiv und angriffslustig, gilt als giftigste Spinnenart der Welt und kommt aus Australien. Sie lebt hauptsächlich 160-180 km im Umkreis von Sydney. Andere Quellen sagen aber, dass sie auch im Norden Australiens zu finden ist. Sie gehört zu den wenigen Spinnen, die auch dem Menschen ernsthaften Schaden, bis hin zum Tod, zufügen können. Ihre trichter- oder röhrenförmigen Netze legt sie an feuchten, kühlen Stellen auch in Häusern an. Sie ist 1,5 bis 4,5 Zentimeter groß und ähnelt mit ihrem dunkelbraunen bis schwarzen Körper der Vogelspinne. Weibliche Tiere leben bis zu zwölf Jahre, während die Männchen meist nach der Paarungszeit sterben und so nur maximal ein Jahr alt werden. Ihr Biss ist groß und schmerzhaft, ähnelt einem Schlangenbiss und führt zu Muskulatur- und Atemlähmung.

Sidney-Trichternetzspinne © Tirin

Pfeilgiftfrosch

Er lebt in den feucht-warmen tropischen Regenwäldern Süd- und Mittelamerikas und ist nicht größer als eine Zwei-Euro-Münze. Als giftigste Pfeilgiftfroschart gilt der „Phyllobates terribilis“, zu Deutsch „der Furchterregende“. Mit seinem Gift könnten bis zu zehn Menschen getötet werden. In Terrarien verlieren die Frösche allerdings ihre Giftigkeit. Forscher vermuten, dass die Tiere ihr Gift nicht selbst produzieren, sondern in ihrer natürlichen Umgebung mit der Nahrung aufnehmen. Ihr Biss auf der Haut brennt, und wenn Gift in den Blutkreislauf gerät, kann das zu Muskel- und Atemlähmung bis hin zum Tod führen.

Pfeilgiftfrosch © Marcel Burkhard

Kugelfisch

Der Kugelfisch lebt in den tropischen Meeren. Er ist sehr scheu und geht Tauchern aus dem Weg. Gefährlich wird es erst dann, wenn der Mensch versucht, ihn zu fangen. Mit seinen kräftigen Zähnen kann er ganze Finger abbeißen. Da sein Magen dehnbar ist, pumpt er Wasser in seinen Magen um abzuschrecken. So wirkt er viel größer als er ist und sieht dann wie eine Kugel aus, deswegen der Name Kugelfisch. Er kann bis ca. 90 cm groß sein.

Kugelfisch © Bill Eichenlaub, NPS photo

Um sich vor Fressfeinden zu schützen, stellt er seine sonst flach liegenden Stacheln auf und keiner kann ihn so verschlingen. In seiner Haut, Leber und seinen Eierstöcken versteckt er ein Neurotoxin, wodurch das Opfer weder sprechen, noch sich bewegen kann. Das tödliche Gift muss sorgfältig entfernt werden. Ein einziger Tropfen dieses Gifts kann innerhalb von sechs bis 24 Stunden zum Tode führen. Vor 1969 starben in Japan jährlich rund 200 Menschen nach dem Verzehr von Kugelfischen. Die Vergiftungsanzeichen sind Lähmungserscheinungen, die Opfer bleiben aber bei Bewusstsein.

Krustenanemonen

Krustenanemonen sind eine weltweit verbreitete, aber nur sehr unzureichend untersuchte Ordnung der Blumentiere.

Krustenanemone von www.wikipedia.org

Die meisten Vertreter erreichen eine Größe von nur wenigen Zentimetern. Sie verfügen über das Gift Palytoxin, eines der stärksten natürlichen Gifte. Es ist das wirksamste Gift, das nicht auf Eiweiß basiert. Bereits winzige Mengen davon können töten. Der Tod ist äußerst qualvoll: Erbrechen, starker Schüttelfrost, Lähmung des gesamten Muskelapparats. Es gibt keine Inkubationszeit, das Gift wirkt sofort. Palytoxin wird als Speergift für die Jagd verwendet.

Skorpione

Der vermutlich giftigste Skorpion der Welt: der Gelbe Mittelmeerskorpion. Durch sein Gift können seine Opfer in kürzester Zeit sehr schmerzhaft und qualvoll sterben. Auch wenn die Opfer meist schnell den Tod finden. Schätzungen zufolge sterben jährlich bis zu 5000 Menschen am Stich eines Skorpions. Ohne Hilfe stirbt man innerhalb von fünf bis 20 Stunden an Atemstillstand. Mittelmeerskorpione leben in Nordafrika, also Algerien, Niger, Libyen, Sudan und Ägypten, und in Israel, Jordanien, Syrien und auf der Arabischen Halbinsel. Der Skorpion bevorzugt Steppen, Halbwüsten und Wüsten.

Gelber Mittelmeerskorpion © Ester Inbar

Blaugeringelte Krake

Der Krake lebt vor der Küste Australiens, der Philippinen, Indonesiens und Neuguineas und bevorzugt dort den flachen Küstenbereich bis zu einer Tiefe von etwa 50 Metern. Er hat ein starkes ein Nervengift, Tetrodotoxin, das bei einem Biss innerhalb von 2 Stunden zu Lähmungen führt (bis hin zum Atemstillstand). Dieses Nervengift, auch Tarichatoxin genannt, kommt u.a. auch bei Kugelfischen vor.

Weitere giftigste Tiere der Welt sind:

Kegelschnecke: Bereits ein Tropfen ihres Giftes, das aus 50 verschiedenen Giftstoffen besteht, kann bis zu 20 Menschen töten. Gefährlich dabei ist, dass die Wirkung sofort, manchmal aber auch erst nach einigen Tagen auftreten kann. Man hat intensive Schmerzen, Muskellähmungen, Seh- und Atemstörungen. Es ist kein Gegengift bekannt.

Steinfisch: Zur Tarnung sieht er wie ein Stein aus und das macht ihn gefährlich, da man ihn nicht sofort erkennt. Die Haut des Steinfischs besitzt 13 Rückenstacheln mit jeweils zwei warzigen Giftdrüsen und sie ist oft algenbewachsen. Seine Stacheln können auch Badeschuhe durchstechen, dann injizieren sie das Gift tief in die Wunde. Das führt zu Blutdruckabfall, Kammerflimmern und Lähmungen. Da sich der Fisch in der Nähe von Küsten aufhält, ist er für Taucher sehr gefährlich. Sein Gift verursacht Lähmungserscheinungen und Bewusstseinsstörungen.

Steinfisch © Sean Mack

Portugiesische Galeere: Das quallenartige Tier sondert über die Tentakel ein tödliches Nervengift ab.

Portugiesische Galeere © Volkan Yuksel

Anopheles-Mücke, auch Malaria-, Gabel- oder Fiebermücke: Malariamücken sind mit etwa sechs Millimetern relativ klein und haben einen schmächtigen Körperbau. Sie ernähren sich von Blut und sind verantwortlich für Millionen Tote in der Welt, weil sie die lebensgefährliche Krankheit Malaria übertragen.

Tsetsefliege: Diese Einzeller lösen beim Menschen die Schlafkrankheit aus, die jährlich über 10.000 Opfer fordert.

Raubwanzen: Sie sind verantwortlich für den Tod von über 10.000 Menschen jedes Jahr weltweit, vor allem in Süd- und Mittelamerika. Sie ernähren sich auch von menschlichem Blut, das sie absaugen und dabei ihren Kot ablassen. Wenn der Mensch sich nach dem Stich kratzt, reibt er den Kot in die Wunde und so gerät der Einzeller in das Blut und verursacht die Chagas-Krankheit, die tödlich sein kann.

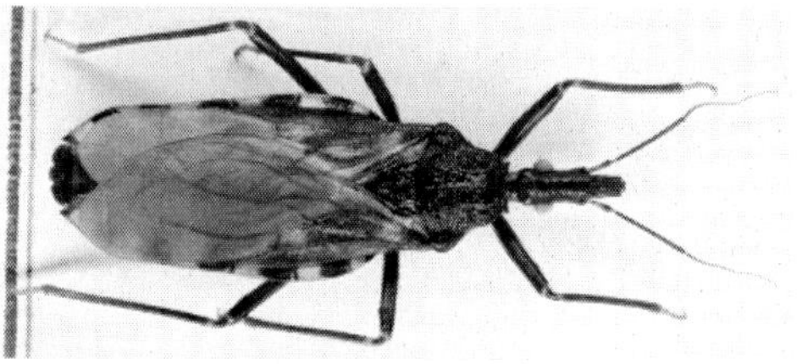

Raubwanze © Bärbel Stock

Biene: Die europäische Honigbiene in Australien. Etwa 10 Menschen sterben jedes Jahr an einem allergischen Schock durch ihre Stiche.

Honigbiene © Leibnitz2610

7.1. Die gefährlichsten Schlangen

Wie gefährlich sind eigentlich Schlangen?

Kann man wirklich sagen, welche Schlangen die giftigsten sind?

Es ist nicht ganz eindeutig, welche Schlangen wirklich die giftigsten sind, denn das Ranking wird unter verschiedenen Gesichtspunkten und Faktoren erstellt. Einige Forscher beschränken sich nur auf die Schlangen in ihrem Land oder in einer ganz bestimmten Region, andere messen die Giftigkeit einer Schlange nach der Zahl der Todesfälle, die durch sie verursacht werden könnten, andere stufen Schlangen allein aufgrund der Giftmenge ein.

Die Einstufung, welche Schlange giftiger ist, hängt im Allgemeinen ab von der abgegebenen Giftmenge bei einem Biss, der Aggressivität, der Bisskraft (Länge der Zähne und wie tief das Gift in den Körper gelangt), der Schnelligkeit, mit der das Gift agiert und davon, welche Organe das Gift am schnellsten und langfristig zerstört und wie tödlich das Gift ist. Die Größe der Schlange spielt dabei keine Rolle.

Das Schlangengift

Das Schlangengift ist eine Mischung aus Proteinen und Polypeptiden, die enzymatische und toxische Eigenschaften besitzen.

In der Ohrspeicheldrüse der Schlange wird das Gift produziert.

Das Schlangengift reagiert je nach Schlange unterschiedlich im Körper. Die Wirkung kann sein:

- Zytotoxisch: Schädigung von Zellen und Gewebe.
- Hämotoxisch: Stört die Blutgerinnung und/oder das Blutbildungssystem.
- Myotoxisch: Schädigung von Muskelgewebe.
- Cardiotoxisch: Schädigung der Herzmuskeln.
- Neurotoxisch: Schädigung des Nervensystems.
- Hämorrhagisch: Schädigung der Blutzellen und –Gefäße.

Achtung: Bei einer Begegnung mit einer Schlange nicht versuchen, sie zu fangen, anzufassen oder zu provozieren!

7.1.1. Die gefährlichsten Schlangen weltweit

Die giftigsten Schlangen weltweit sind:

- Diamantklapperschlange
- Grüne Buschviper
- Schwarze Mamba
- Afrikanische Speikobra
- Monokelkobra
- Gemeine Sandrasselotter
- Inlandtaipan
- Duboi's Seeschlange. Das stärkste Gift von allen Schlangen besitzen die Seeschlangen

Diamantklapperschlange © LA Dawson

Grüne Buschviper von naturfotografen-forum.de

Gemeine Sandrasselotter
© Barbod Safaei

Afrikanische Speikobra von serengeti.org

Schwarze Mamba von sunbird-images.com

Monokelkobra von tm-snakes.de

Inlandtaipan von crazycreatures.org

Dubois‘ Seeschlange von deep-blue.npage.de

7.1.2. Die gefährlichsten Schlangen in Afrika

Zu den gefährlichsten Schlangen Afrikas zählen die schwarze Mamba, die Kap- und Waldkobra, die Puffotter, die Gabunviper, die ägyptische Kobra und die Boomslang.

Die schwarze Mamba ist die größte, schnellste, giftigste und gefährlichste Schlange Afrikas **und** wird als gefährlichste Schlange der Welt eingestuft. Sie ist sehr schnell, ihr Gift ist oft tödlich und sie ist von Grund auf nervös und aggressiv.

Schwarze Mamba
© Bill Love / Blue Chameleon Ventures

Sie kann Angreifer kilometerlang wie ein Jagdhund verfolgen. Ohne Gegengift ist ihr Biss zu 100% tödlich und tritt schnell ein, sogar innerhalb von nur 20 Minuten. Sie lebt oft in der Nähe von menschlichen Siedlungen. Der Name der Schwarzen Mamba ist verwirrend, denn ihr Körper ist alles andere als schwarz, sondern olivgrün bis grau. Die Bezeichnung kommt von der blauschwarzen Farbe in ihrem Mund, die sichtbar ist, wenn sie ihn bei einem Angriff aufreißt. Sie lebt im trockenen Buschland, in Savannenwäldern und in flussnahen Wäldern.

Die Kapkobra besitzt das wirksamste Gift unter den afrikanischen Kobras und ist zudem eine nervöse, leicht aggressive Schlange. Sie kann schnell zubeißen und ohne Behandlung führt ein Biss mit sehr hoher Wahrscheinlichkeit zum Tod durch Lähmung der Atmung. Sie lebt leider, wie die Schwarze Mamba, in der Nähe von Menschen.

Kapkobras © Bjoertvedt

Die Schwarzweiße Hutschlange ist eine echte Kobra und wird auch schwarzweiße Kobra, Weißlippenkobra oder auch Waldkobra genannt. Ihr wissenschaftlicher Name ist: Naja melanoleuca. Sie gehört zur Giftnattern-Familie. Sie ist eine schnelle und aktive Schlange, die bis zu 3 m lang sein kann. Ihr Gift ist neurotoxisch und gilt als zweitwirksamstes Gift der afrikanischen Kobras.

Schwarzweiße Hutschlange © Warren Klein

Die Grüne Buschviper ist ebenfalls eines der giftigsten Reptilien der Welt. Sie erreicht eine durchschnittliche Körperlänge von nur etwa 50 cm. Sie lebt gerne in tropischen Waldgebieten und besonders auf Bäumen. Sie ist nachtaktiv. Das Gift der Buschviper ist ein Hämotoxin und zerstört die roten Blutkörperchen. Das Gift beinhaltet außerdem Proteine, die die Blutgerinnung unterbinden und durch die Gewebezerstörung innere Blutungen verursachen. Des Weiteren wird das Nervensystem angegriffen und das Opfer dadurch gelähmt.

Grüne Buschviper © LA Dawson

Die Puffotter gehört zur Familie der Vipern. Sie hat lange Zähne und ein starkes Gift, das zytotoxisch wirkt. Sie beißt gern, wenn sie provoziert wird. Ihr Gift lässt Gewebe absterben und kann, wenn es nicht behandelt wird, dazu führen, dass Beine und Arme amputiert werden müssen.

Puffotter © Johannes van Rooyen

Die Gabunviper, aus der Gattung der Pufferottern, hat unter den Giftschlangen die längsten Zähne der Welt. Sie kann bis 1,5 m lang sein und ihr Gift ist neurotoxisch, hämotoxisch und zytotoxisch. Die Schlange ist nicht besonders aggressiv, aber ihr Biss kann zum Tod führen.

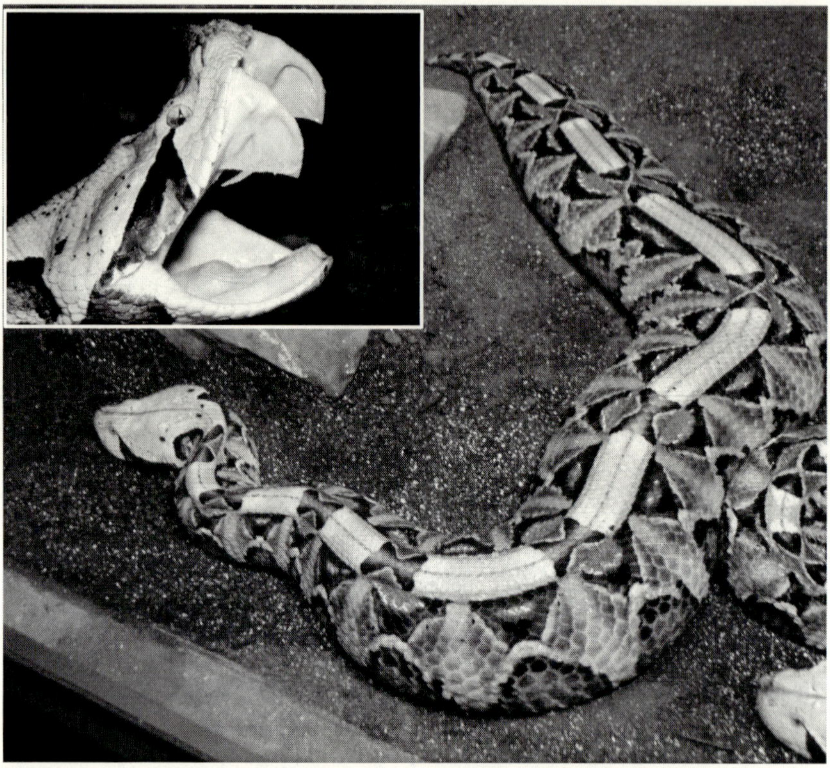

Gabun Viper © Danleo, eingesetztes Bild: Gabun Viper © Brimac The 2nd

Gabun Viper beim Verschlingen einer Ratte © Danleo

Gabun Viper, die Ratte ist im Hals © Danleo

Die Afrikanische Speikobra gehört auch zu den giftigsten Schlangen der Welt. Warum „Speikobra“? Weil sie in der Lage ist, ihr Gift auch zu speien. Erwachsene Speikobras können ihr Gift bis zu 4 m weit speien, dabei versuchen sie gezielt die Augen der Feinde zu treffen. Im Durchschnitt erreichen sie eine Länge von knapp 1,2 bis 1,5 m. Sie können bis zu 20 Jahre alt werden. Das Gift ihrer Giftzähne führt bei ihren Opfern zu Lähmungen und bis zum Herzstillstand.

Afrikanische Speikobra © Warren Klein

Die Uräusschlange oder Ägyptische Kobra aus der Familie der Giftnattern ist eine echte Kobra. Ihr Gift ist neurotoxisch und ist das drittstärkste Kobragift. Sie lebt gerne in der Nähe von Menschen, wo es Ratten und Hühner gibt. Sie ist eine ruhige Schlange und beißt selten.

Uräusschlange oder Ägyptische Kobra © John Walker

Die Boomslang ist eine Natter und kann bis zu 2 m lang sein. Ihr Gift ist hämotoxisch. Ihr Gift wirkt nicht so schnell wie bei anderen Schlangen. Es vergeht Zeit bis es anfängt zu wirken. Ihr Gift wirkt zuerst nicht so schlimm wie gedacht. Nach einem Biss fühlen sich manche Menschen sogar besser drauf, doch dann kann es nach einigen Stunden plötzlich sehr schnell gehen, bis zum Tod.

Boomslang © Rishaada

7.1.3. Die gefährlichsten Schlangen in Asien

Dubois' Seeschlange: Sie ist die tödlichste Seeschlange der Welt. Seeschlangengift gilt als eines der stärksten Schlangengifte überhaupt. Die Dubois' Seeschlange ist die giftigste Seeschlange der Welt und gleichzeitig die dritt-giftigste aller Schlangen. Wenige Milligramm des Sekrets der Dubois' Seeschlange reichen aus, um einen Menschen zu töten. Der Biss ist beinahe schmerzfrei und die Hautverletzung wegen der Feinheit der Zähne oft schwer zu sehen, auch Blutungen treten kaum auf. Es kann lange dauern, bis die ersten Symptome nach dem Biss auftreten.

Dubois' Seeschlange © Chris Cooper

Die gemeine Sandrasselotter ist eine Vipernschlange. Sie wird Sandrasselotter genannt, weil ihre Schuppen rasseln, wenn sie sich bedroht fühlt. Sie ist nur bis zu 90 cm groß, hat aber ein sehr starkes Gift in langen Röhrenzähnen. Ihr Gift ist hämotoxisch. Diese Schlange tötet mehr Menschen in Asien als alle anderen Schlangen zusammen. Sie ist aggressiv und beißt auch ohne Grund ihre Opfer mehrmals hintereinander. Sie ist fünfmal giftiger als eine Kobra und 16-mal giftiger als eine Kettenviper.

Gemeine Sandrasselotter © Saleem Hameed

Die Kettenviper ist 1,2 m lang und in ganz Asien verbreitet. Ihr Gift ist hämotoxisch.

Kettenviper © A. Chawla

Die Monokelkobra ist eine Giftnatter und eine sehr giftige Schlange. Ihr natürlicher Lebensraum befindet sich in Süd-ostasien. Dort bevorzugt sie tropische Wälder, Plantagen, Gärten und besonders Reisfelder. Nach einem Biss treten recht schnell Schmerzen und Schwellungen am gebissenen Glied auf, es kommt zu Verfärbungen, Blasenbildung und lokalen Nekrosen (Absterben von Gewebe). Innerhalb weniger Minuten bis Stunden nach einem Biss treten zentralnervöse Erscheinungen auf, etwa allgemeine Benommenheit, sowie periphere Symptome wie Lähmungserscheinungen. Daneben kommt es zu Erbrechen, Durchfall, Bauch- und Kopfschmerzen. Der Tod kann im Extremfall, etwa bei einem allergischen Schock, innerhalb weniger Minuten, meist jedoch nach circa 17 bis 24 Stunden durch Atemlähmung eintreten. (Wikipedia).

Monokelkobra von thesan-diegomuseumofartcollection

Die Brillenschlange, auch Südasiatische Kobra (Naja naja) genannt, ist eine ca. 1,2-1,7 Meter lange Schlange, die bei den Buddhisten heilig ist. Man sieht sie in Indien oft bei Aufführungen. Ihr Gift ist neurotoxisch. Ihr Name kommt daher, dass sie auf der Rückseite des Halsschildes eine Markierung hat, die an eine Brille erinnert.

Brillenschlange © Dr.R.S.Pradeep Raj

Krait © AshLin

Die Krait gehört zur Familie der Giftnattern. Sie kann bis zu 2,5 m lang sein und ist nachtaktiv. Ihr Gift ist neurotoxisch.

Die Königskobra ist recht lang und kann bis zu 5,59 m lang sein. Sie ist wenig aggressiv und geht den Menschen lieber aus dem Weg. Es wird vermutet, dass sie die größte Giftschlange der Welt ist. Ihr Gift ist neurotoxisch. Das Gift ist zwar nicht so giftig wie das anderer Schlangen, aber dafür injiziert sie es in großer Menge, wenn sie zubeißt. Sie wird auch gern bei Aufführungen, besonders von Schlangenbeschwörern benutzt.

Königskobra © Dr. Anand Titus and Geeta N Pereira

7.1.4. Die gefährlichsten Schlangen in Australien

Viele der giftigsten Schlangen der Welt leben in Australien.

Der Inlandtaipan ist die giftigste, aber nicht die tödlichste Schlange der Welt und ist in Australien beheimatet. Der Inlandtaipan kann mit nur einem Biss 110 mg Gift verabreichen, das reicht, um 100 Menschen zu töten. Er kann bis 2,5 Meter lang sein.

Östliche Braunschlange, bis 2,4 m. Ihr Gift ist neurotoxisch und sie ist die zweitgiftigste Landschlange der Welt. In Australien gehen die meisten Toten durch Schlangenbisse auf ihr Konto. Sie ist sehr aggressiv.

Östliche Braunschlange
© Peter Woodard

Dubois' Seeschlange: Sie ist die tödlichste Seeschlange der Welt.

Der Küstentaipan kann bis zu 3,35 Meter lang sein und ist somit die längste Giftschlange Australiens. Ihr Gift ist neurotoxisch und myotoxisch und konkurriert mit der Dubois' Seeschlange um den dritten Platz der giftigsten Schlangen der Welt. Mit bis zu 13 mm hat sie die längsten Giftzähne aller australischen Giftschlangen und ist auch die längste Giftschlange Australiens. Sie ist sehr aggressiv, im Gegensatz zum Inlandtaipan.

Küstentaipan © AllenMcC.

Der Papuataipan ist bis zu 3 Meter lang und besitzt ein neurotopaxisches Gift. Er ist ein Verwandter des Küstentaipans und in Papua Neuguinea zu finden.

Die Tigerotter ist eine sehr aggressive Schlange im Süden Australiens mit einem sehr starken myotoxischen Gift. Sie kann bis zu 1,5 Meter lang sein. Ohne schnelle Hilfe stirbt man fast immer an ihrem Gift.

Tigerotter © Pelion Climber

Die Mulgaschlange ist eine Schwarzotter, bis zu 3 Meter lang. Sie hat von allen australischen Schlangen die größte Menge an Gift, aber sie beißt selten zu. Ihr Gift ist neurotoxisch und sie ist leicht mit dem Inlandtaipan zu verwechseln, da sie ähnlich gefärbt ist.

Mulgaschlange © AllenMcC.

7.1.5. Die gefährlichsten Schlangen in den USA, Mittel- und Südamerika

Zu den giftigsten Schlangen in diesen Regionen zählen vor allem die Lanzenottern und Klapperschlangen.

Die Terciopelo-Lanzenotter ist eine sehr gefährliche Schlange. Sie ist 2,5 m lang, und ihr Gift besteht aus unterschiedlichen Toxinen: Es ist zytotoxisch, hämotoxisch und neurotoxisch. Durch ihre langen Giftzähne gibt sie große Mengen an Gift ab. Sie beißt häufig oberhalb des Knies, weil sie sich bei einer Bedrohung aufstellt. Wenn die Bisse nicht schnell behandelt werden, muss das betroffene Körperteil möglicherweise amputiert werden.

Terciopelo-Lanzenotter © Bernard Dupont

Diamantklapperschlange
© snakecollector

Die Diamantklapperschlange gehört zu den giftigsten Schlangen der Welt. Ihr Gift ist hämotoxisch. An der Stelle, an der man gebissen wird, wird das Gewebe zerstört. Sie lebt im Südosten der USA. Sie kann sehr gut schwimmen und deswegen findet man sie auch im Meer.

Diamantklapperschlange © Edward J. Wozniak D.V.M., Ph.D.

Giftzahn der Diamant-Klapperschlange in Zahnscheide © Finne Jäger

Die Basilisken-Klapperschlange gehört zu den größten Klapperschlangen der Welt mit einer Länge von über 2 Metern. Über die Wirkung ihres Giftes ist wenig bekannt und es ist wenig erforscht. Sie gibt aber eine große Menge an starkem Gift ab.

Basilisken-Klapperschlange © H. Krisp

Die Schauer-Klapperschlange kann bis zu 1,80 m lang werden, ihr Gift ist neurotoxisch und kann Sehstörungen und sogar totale Blindheit verursachen.

Schauer-Klapperschlange © José Reynaldo da Fonseca

Insel-Lanzenotter © Otavio Marques (Instituto Butantan)

Die Insel-Lanzenotter kommt einzig und allein auf einer sehr kleinen brasilianischen Insel vor, sie kann bis zu 1,18 m lang werden. Ihr starkes Gift ist myotoxisch.

Gewöhnliche Lanzenotter kann bis zu 1,60 m lang sein, gehört zur Familie der Vipern und lebt im Norden von Südamerika.

Ihr Gift ist hämotoxisch.

Gewöhnliche Lanzenotter © Danleo

Der Buschmeister kommt aus Mittelamerika und aus dem nördlichen Südamerika. Er ist nicht aggressiv und lebt zurückgezogen. Sein Gift ist neurotoxisch und kann bei Menschen zu schweren Vergiftungen führen.

Buschmeister © Christopher Murray

7.1.6. Die gefährlichsten Schlangen in Europa

Auch in Europa gibt es gefährliche und giftige Schlangen.

Die Sandotter, ist die giftigste Schlange Europas und kommt oft in den Balkanländern (Serbien, Kroatien usw.) vor. Ihr Gift ist ein starkes Blutgift, das Gewebe zerstört. Es kann innerhalb von 2 Stunden zum Tod führen, wenn kein Gegengift eingenommen wird.

Sandotter (Hornotter) Europa © Elena Terkel

Die Kreuzotter gehört zur Familie der Vipern. Ihr Gift ist sehr stark, sogar zwei- bis dreimal stärker als das der Diamant-Klapperschlange. Es kommt aber selten zu Todesfällen, zum einen, weil sie nicht viel Gift produziert und die Menge bei einem Biss nur ausreicht, um ein Kind oder einen alten Menschen zu töten und zum anderen, weil sie es selten benutzt, um sich zu verteidigen. So injiziert sie bei einem Biss nicht ausreichend Gift in den Körper des Menschen, weil sie das Gift lieber für Tiere behalten will, die sie für ihre Ernährung braucht. Ihr Verbreitungsgebiet ist Mittel- und Nordeuropa, Großbritannien, Skandinavien, das Alpengebiet und der nördliche Balkan, Polen, Ungarn, Tschechien und Russland. Sie ist die einzige Schlangenart, die auch nördlich des nördlichen Polarkreises angetroffen werden kann. In Deutschland ist sie zu finden im Norddeutschen Tiefland, im Schwarzwald, auf der Schwäbischen Alb, im Bayerischen Wald und in den Alpen.

Kreuzotter © BennyTrapp

Die Aspisviper ist giftiger als die Kreuzotter und ihr Gift ist neurotoxisch. Sie kann bis maximal einen Meter lang sein. Nach einem Biss von ihr sollte man sich schnell behandeln lassen. Aber 2013 starb ein 53-jähriger Mann nach mehreren Bissen einer Aspisviper, obwohl er sofortige ärztliche Hilfe bekam. Neben dem äußersten Südwesten Deutschlands umfasst das Verbreitungsgebiet Spanien, Frankreich, die westliche und südliche Schweiz, Italien und einen kleinen Teil von Slowenien.

Aspisviper © Felix Reimann

7.2. Die giftigsten Spinnen der Welt

Sydney-Trichternetzspinne

Sie ist sehr aggressiv und angriffslustig, gilt als giftigste Spinnenart der Welt und kommt aus Australien. Sie lebt hauptsächlich 160-180 km im Umkreis von Sydney. Andere Quellen sagen aber, dass sie auch im Norden Australiens zu finden ist. Sie gehört zu den wenigen Spinnen, die auch dem Menschen ernsthaften Schaden, bis hin zum Tod, zufügen können.

Sydney-Trichternetzspinne

Die Rotrückenspinne: Im Gegensatz zur Trichternetzspinne lebt sie über den ganzen Kontinent Australien verteilt. Die Rotrückenspinne verfügt über ein starkes Nervengift, das auch für Menschen gefährlich ist.

Rotrückenspinne, mit gefangener Eidechse, weiblich
© Brendandduffy

Das Gift kann Atemlähmungen verursachen und zum Tod führen. In Australien werden jährlich mehrere Tausend Menschen von der Rotrückenspinne gebissen, häufig in die männlichen Genitalien. Die Erklärung dafür ist, dass sie ihre Netze oft in Außentoiletten bauen.

Rotrückenspinne, weiblich
© Fir0002

Die Schwarze Witwe ist eine sehr bekannte Spinne. Die Südliche Schwarze Witwe kommt in den südöstlichen Bundesstaaten der Vereinigten Staaten vor, von den südlichen Neuenglandstaaten bis Florida und im Westen bis ins östliche Oklahoma, Texas und Kansas. In den südlichen Staaten ist sie wesentlich häufiger zu finden als in den nördlichen.

Ihr südliches Verbreitungsgebiet reicht bis Mexiko. Bissunfälle mit der Südlichen Schwarzen Witwe passieren in den USA oft auf der Toilette. Sie lassen sich gern unter dem Toilettensitz nieder. Sie wollen so Insekten, die vom Klogeruch angelockt werden, fangen. Es kann dann passieren, dass Menschen beim Hinsetzen auf den Klodeckel gebissen werden. Der Biss der Südlichen Schwarzen Witwe wird nicht immer sofort bemerkt, er ist meist nur wie ein Nadelstich spürbar. Die Spinne injiziert ein Nervengift in die Bisswunde, das frühestens nach einer halben Stunde spürbar wird. Wegen der relativ geringen Menge des Gifts, das bei einem Biss in die Wunde übertragen wird, besteht für den Menschen selten Todesgefahr. Die Wahrscheinlichkeit, dass jemand stirbt, hängt von der gesundheitlichen Verfassung ab, ältere Menschen und Kinder können an dem Biss sterben.

Bananenspinne: Gelegentlich gelangen einzelne Tiere in Bananenkisten auf Frachtschiffen unbeabsichtigt nach Europa, deswegen der Name. Die Bananenspinne, auch Brasilianische Wanderspinne genannt, ist ebenfalls eine der giftigsten und aggressivsten Spinnen der Welt.

Bananenspinne © João P. Burini

Die Weibchen erreichen eine Spannweite von 10-13 cm. Der Körper des Weibchens wird 30 bis 50 mm lang, Männchen sind kleiner, mit einer Körperlänge von nur bis 40 mm. Sie ist beheimatet in ganz Südamerika von Ecuador bis in den Norden Argentiniens.

Bananenspinne © Techuser

7.3. Der giftigste Skorpion

Der angriffslustige gelbe Mittelmeerskorpion lebt in Algerien, im Niger, in Libyen, dem Sudan und in Ägypten, außerdem in Israel, Jordanien, Syrien und auf der Arabischen Halbinsel. Andere Namen für ihn sind Lybischer Wüstenskorpion und Fünfgestreifter Wüstenskorpion. Das Gift des sehr aggressiven Gelben Mittelmeerskorpions ist bis zu 18-mal wirksamer als Zyankali. Sein Gift greift das Herz und das Nervensystem an und kann zum Herzstillstand führen. Dieser Skorpion kann fast jedes Tier erlegen und er kann eine Länge von 7 bis 12 cm erreichen.

Mittelmeerskorpion © מינודיג

7.4. Der giftigste Vogel

Der Zweifarben-Pitohui. Seine Federn, Haut und Muskulatur enthalten ein Toxin, das dem Gift von kolumbianischen Pfeilgiftfröschen ähnelt. Er lebt in Neuguinea. Er ist giftig, weil er giftige blaue Melyridae-Käfer isst. Diese Käfer produzieren Gift, um sich vor Feinden zu schützen. Je mehr giftige Käfer ein Pitohui gefressen hat, desto giftiger wird er selbst.

Zweifarben-Pitohui © markaharper1

7.5. Die giftigsten Fische der Welt

Der giftigste Meeresbewohner: Die Seewespe

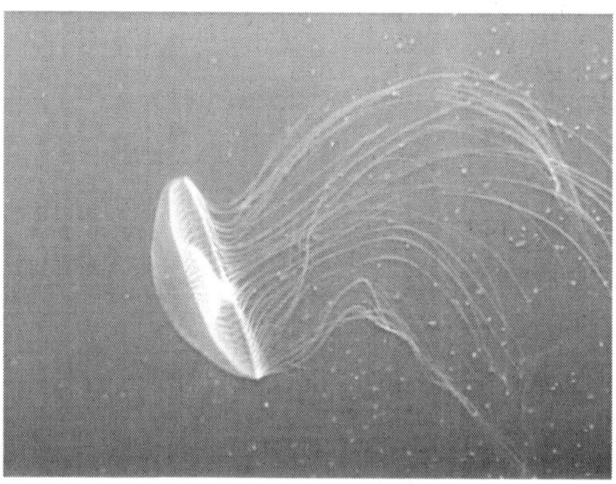

Die Seewespe tötet mit ihrem Gift mehr Menschen als der gefürchtete Weiße Hai.

Seewespe

Der giftigste Fisch: Der Kugelfisch

Kugelfisch

Der giftigste Krake: Der Blauring-Krake

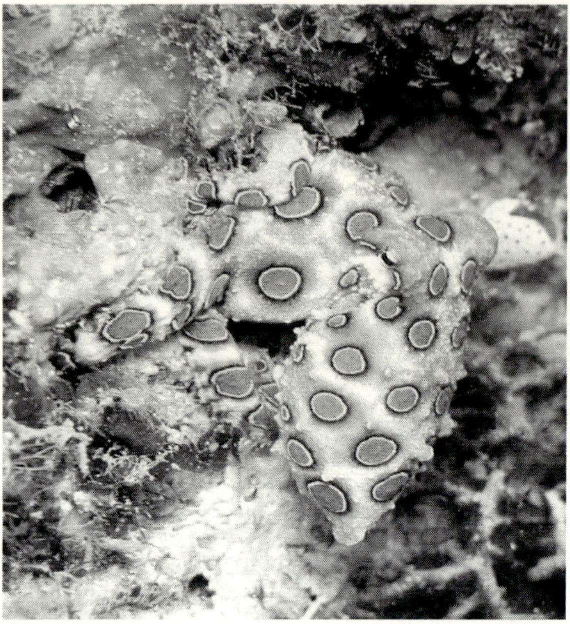

Großer Blaugeringelter Krake © Jens Petersen

Die giftigste Schnecke: Die Marmor-Kegelschnecke

Ihr Gift kann bis zu 20 Menschen töten. Ihr Gift verursacht starke Schmerzen, Lähmungen, Seh- und Atemstörun-

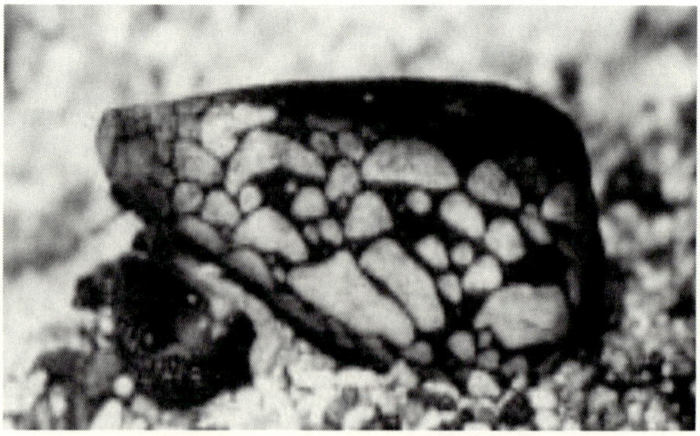

Marmor-Kegelschnecke

gen.

Die giftigste Seeschlange: Die Dubois'-Seeschlange

Der giftigste Steinfisch: Der Echte Steinfisch

Die giftigsten Rochen: Der Graue und der Amerikanische Stechrochen. Die Stacheln des Stechrochens sind mit Giftdrüsen und Widerhaken ausgestattet und für Menschen hochgiftig. Der Fisch setzt sie ein, sobald er sich bedroht fühlt.

Der graue Stechrochen © Eduardo

Der giftigste Se-

Amerikanischer Stechrochen © Dan Hershman

pia: Der Prachtsepia.

Das Fleisch des Prachtsepia enthält ein hochgiftiges Toxin. Der Prachtsepia ist die einzige bekannte giftige Art unter den Sepien.

Prachtsepia © Jenny Huang

Die giftigste Krustenanemone: Die Gattung Palythoa.

Korallen sind keine Meerespflanzen, sondern Tiere. Das Gift der Palythoa-Arten der Krustenanemone wirkt in winzigen Mengen tödlich.

Krustenanemone

Der giftigste Skorpionfisch: Der Feuerfisch

Er setzt das Gift aus seinen Rückenflossenstacheln zur Verteidigung ein. Seine Stiche sind sehr schmerzhaft und lösen Muskelzuckungen aus, sind für Menschen aber nicht lebensgefährlich.

Feuerfisch

7.6. Die gefährlichsten Groß-Landtiere der Welt

Krokodil

Krokodile jagen

wahllos alles, was sie bewältigen können. Dafür gehen sie gern aus dem Wasser, schnappen nach ihrem Opfer und ziehen es dann unter Wasser, um es zu ertränken. Dabei bewegen sie heftig ihren Kopf hin und her um Fleischteile abzureißen. Krokodile fordern jährlich mehrere Todesopfer unter Menschen.

Krokodil

Das Flusspferd sorgt jährlich für mehr als 100 Todesopfer. Es ist eigentlich ein Pflanzenfresser. Aber wenn es um sein Revier und seine Kinder geht, versteht es keinen Spaß. In seinem Zorn und seiner Wut kann es ganze Boote versenken. Flusspferde kommen in der Dunkelheit an Land und ein Zusammentreffen mit ihnen endet meist tödlich. Ein Flusspferd kann bis zu 5 Tonnen wiegen und kann sehr schnell rennen.

Flusspferd

Der Büffel: Unbestätigten Berichten zufolge töten Büffel in Afrika mehr Menschen als Löwen und Krokodile.

Dann kommen **Löwe und Tiger**.

Büffel

7.7. Die gefährlichsten Tiere im Wasser

Feuerqualle © Brunothg

Feuerquallen in der Nord- und Ostsee

Feuerquallen gehören zu den gefährlichsten Meerestieren.

Feuerqualle © T.Kraatz

Stachelrochen

Stachelrochen, im Pazifik, Indopazifik, Südatlantik und Mittelmeer beheimatet, sind extrem giftig. Das Gift sitzt in ihren Stacheln. Eine Stachelattacke kann heftige Schmerzen, sowie Übelkeit, Kreislaufstörungen und Angstzustände hervorrufen. Man sollte dann schnell Hilfe suchen, sonst ertrinkt man. Das Gift kann das Gewebe des Menschen schädigen. Steve Irwin, der berühmte Crocodile-Hunter aus Australien, erlag dem Stich eines Stachelrochens. Die Tiere greifen Menschen jedoch nur an, wenn sie sich bedroht fühlen. Dann stoßen sie ihren giftigen Stachel in das Opfer.

Der Rotfeuerfisch ist eines der gefährlichsten Meerestiere.

Rotfeuerfisch

Seine Rückenflosse ist zum Schutz mit Stacheln ausgestattet, die ein starkes Gift enthalten. Sie führen bei einer Attacke zu Atembeschwerden und sogar zu Ohnmachtsanfällen.

Kugelfisch: Teile des Körpers sind extrem giftig und können beim Verzehr zum Tode führen, siehe Kapitel 20.

Die Haie sind die gefürchtetsten Meeresjäger und töten jährlich mehrere Menschen.

Rote Piranhas können bis zu 40 Zentimeter groß sein. Sie sind in den Weißwasserflüssen in Südamerika zuhause. Sie sind in der Lage, wegen ihrer scharfen Zähne, Fleischstücke aus der Beute herauszureißen. Sie greifen ihre Opfer in Schwärmen an und nagen diese bis auf die Knochen ab. Es gibt viele Geschichten, wie diese Fische Menschen angegriffen und gefressen haben.

Roter Piranha ©Joshyja

Riesige Welse: man liest viele Geschichten darüber, dass riesige Welse schon kleine Kinder und gar erwachsene Menschen unter Wasser gezogen und getötet haben. 2012 berichtete zum Beispiel Focus.de über eine Fischattacke auf ein Mädchen: Ein Riesenwels habe eine 14-Jährige in einem Badesee in Niederösterreich am Bein gepackt und unter Wasser gezogen.

Riesenwels © Timurlan

Riesenwels © Dieter Florian

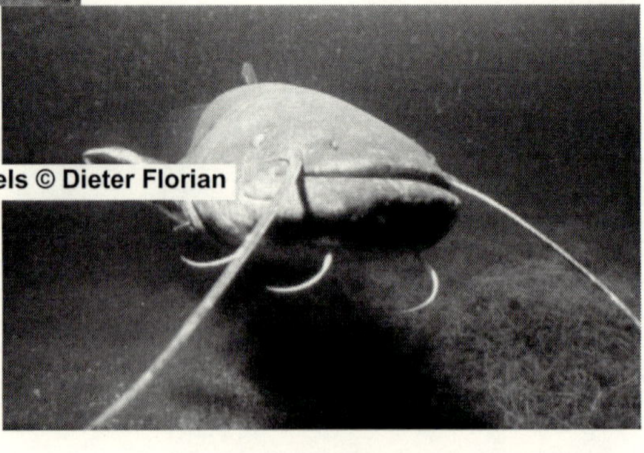

Riesenwels © Dieter Florian

Muränen können hart zubeißen. Der römische Caesar Nero soll ihnen lebendige Sklaven zum Fraß gegeben haben.

Muränen

Schneeflockenmuräne
© Steve Dunleavy

Tigermuräne © Philippe Guillaume

7.8. Killer-Insekten: Die gefährlichsten Insekten der Welt

Todesfälle durch Mücken- und Bienenstiche sind zahlreicher als die durch Schlangenbisse oder Angriffe aller anderen Tiere in der Welt.

Hochlandbiene © Jeffrey W. Lotz

Die Ostafrikanische Hochlandbiene, Honigbienen aus Afrika:

Aggressive Killerbienen. Diese Tropenart unterscheidet sich von der Europäischen Honigbiene vor allem durch ihr aggressives Verhalten. Anders als europäische Bienenrassen weisen die afrikanischen Honigbienen eine Reihe von Besonderheiten auf, die sich aus den Anforderungen ihres Lebensraums ergeben. Sie sind sehr aggressiv, wenn man sich ihrem Nest nähert. Außerdem sind sie mobiler. Schon bei Störungen in einiger Entfernung vom Bienenstock attackieren sie den Angreifer und verfolgen ihn auch weit. Ihre Stechbereitschaft ist dreimal größer als die der uns bekannten Honigbiene, weshalb ihre Vertreter auch als „Killerbienen“ bezeichnet werden.

2012 wurde in Tansania ein britisches Ehepaar, das sich auf einen abgelegenen Campingplatz zurückgezogen hatte und gerade zu Mittag essen wollte, von einem Bienenschwarm attackiert. Der 61-jährige Mick Bryan überlebte die unzähligen Stiche nicht.

Die Afrikanisierte Honigbiene ist auch als Killer-Biene bekannt. Sie ist ein Hybrid aus der europäischen Honigbiene und der afrikanischen Biene und wurde nach Südamerika eingeführt, um die Honigerträge zu steigern. Die Honigbiene war sowohl in Nord- als auch in Mittel- und Südamerika vor der Ankunft der Europäer nicht heimisch. Sie ist sehr aggressiv und angriffslustig. Mehrere Stiche der Honigbiene können zu einem anaphylaktischen Schock, Kreislaufversagen und sogar zum Tod führen. Zum Beispiel wurde im Jahr 2014 in Nicaragua ein Priester während der Messe von so genannten Killerbienen angegriffen. Er starb unmittelbar nach dem Angriff. 2014 wurde auch über einen Fall berichtet, wonach eine ältere Frau in Kalifornien von einem Schwarm von geschätzt 75.000 Bienen angegriffen wurde. Die Tiere hatten sie von einem unterirdischen Nest in einem Kabelkasten aus angegriffen, als sie auf das Haus ihrer Familie zugegangen war. Mehr als 1000 Mal wurde sie gestochen und schwebte eine Zeitlang in Lebensgefahr. Ebenfalls im gleichen Jahr, im US-Bundesstaat Arizona, attackierte ein Bienenschwarm von geschätzt 800.000 Bienen mehrere Gärtner, die im Hof arbeiteten. Einer von ihnen starb, vier weitere wurden verletzt.

Rote Feuerameise © April Nobile

Die Rote Feuerameise: Die drei bis sechs Millimeter großen Ameisen können sich sehr schnell fortbewegen: Die bisshungrige Meute legt 15 Zentimeter in zehn Sekunden zurück. Viele Menschen sind nach Angaben von Wissenschaftlern bereits an den Bissen der Insekten gestorben. Der Biss der Feuerameise ist äußerst schmerzhaft. Zunächst sind nur kleine rote Punkte zu erkennen, die sich innerhalb von acht bis zehn Stunden zu Pusteln von der Größe eines Stecknadelkopfes aufblähen. Ihr Angriff ist koordiniert, selten wird ein Mensch nur von einer einzigen Ameise gebissen. Nein, viele setzen sich gleichzeitig auf den Körper ihres Opfers und stechen fast gleichzeitig.

In Amerika wurde ein Pflegeheim-Bewohner um vier Uhr morgens gefunden - vollständig von Ameisen bedeckt. Die Rote Feuerameise, auch Neozoon genannt, hat sich in den südlichen Staaten der USA ausgebreitet und ist mittlerweile auch in Australien, China und Taiwan zu finden. Ursprünglich stammen sie aus Südamerika.

Hornisse © R. Altenkamp

Die Hornisse ist die größte in Mitteleuropa lebende soziale Faltenwespe. Die Körpergröße der Königin beträgt bis zu 35 Millimeter, die der Arbeiterinnen 18 bis 25 Millimeter und die der Drohnen 21 bis 28 Millimeter. Ob Hornissen wirklich so gefährlich sind wie der Volksmund meint – „Sieben Hornissenstiche töten ein Pferd, drei einen Menschen“ – ist sehr umstritten.

Die Anophelesmücke, genannt Malaria-Mücke, tötet jährlich zig Tausend Menschen weltweit, besonders in den tropischen Ländern. Ein einziger Stich von ihr kann einen Menschen töten.

Anophelesmücke © James Gathany

Die Tsetsefliege ist in einigen Gebieten Afrikas verbreitet, ernährt sich von menschlichem und tierischem Blut und überträgt die gefürchtete Schlafkrankheit, woran zehntausende von Menschen sterben und die bei Tieren die Nagana-Seuch hervorruft.

Der Rattenfloh ist auch bekannt als Pestfloh. Der Rattenfloh gilt als einer der Hauptüberträger der Pest. Er saugt die Bakterien mit dem Blut auf. Der schwarze Tod, der andere Name der Pest, tötete allein zwischen den Jahren 1347 und 1351 in Europa etwa 50 Millionen Menschen. Sogar bis heute ist die Pest nicht völlig ausgerottet Der Rattenfloh kann auch das Mäusefleckfieber übertragen.

Zecken: Zecken beherbergen die verschiedensten Erreger und übertragen diese durch Bisse. Das kann zu schweren Krankheiten führen, wie Borreliose oder Frühsommer-Meningoenzephalitis (FSME). Das ist eine durch das FSME-Virus ausgelöste Krankheit, die bei den Betroffenen zu einer Hirnhaut- oder Gehirn-Entzündung führen und tödlich enden kann.

Raubwanzen: Sie sind verantwortlich für den Tod von über 10.000 Menschen jedes Jahr weltweit, vor allem in Süd- und Mittelamerika. Sie ernähren sich auch von menschlichem Blut, das sie absaugen und dabei ihren Kot ablassen. Wenn der Mensch sich daraufhin am Stich kratzt, reibt er den Kot in die Wunde und so gerät der Einzeller in das Blut und verursacht die Chagas-Krankheit, die tödlich sein kann.

7.9. Die gefährlichsten Raubtiere der Welt

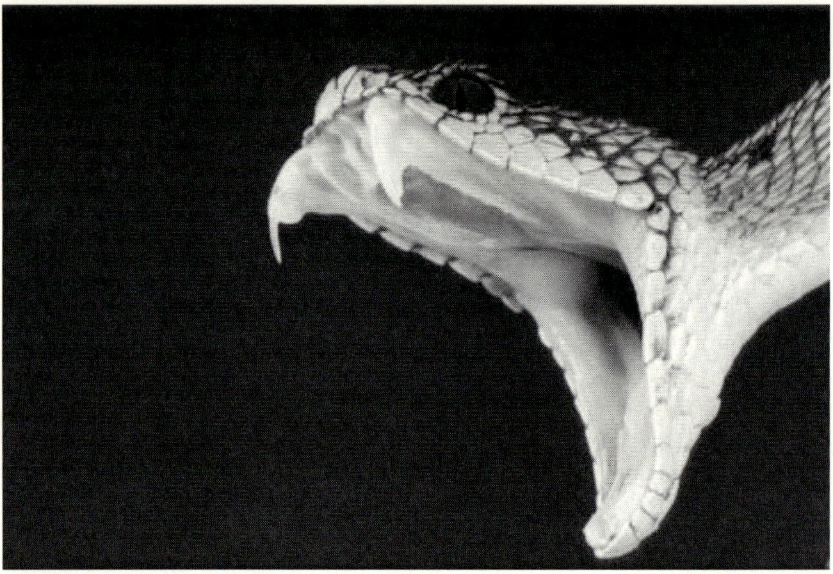

Viper © mgkuijpers - Fotolia

Platz 1 belegen die Schlangen. Sie töten jährlich über 100.000 Menschen durch ihr Gift und über 300.000 Menschen werden dadurch dauerhaft geschädigt.

Platz 2:

Die Krokodile. Es wird geschätzt, dass sie mindestens 1000 Menschen pro Jahr töten. Sie greifen Menschen an, ziehen sie unter Wasser, lassen sie ertrinken und fressen sie. Die meisten tödlichen Angriffe werden von Salzwasserkrokodilen in Südostasien und afrikanischen Nilkrokodilen verübt.

Krokodile

3. Haushunde. Eine der größten Gefahren für den Menschen geht von seinem besten Freund dem Hund aus. Über 10.000 Menschen sterben wegen Hundebisse weltweit jedes Jahr. Die gefährlichsten Hunderassen sind:

1. Pitbull-Terrier

2. Rottweiler
3. Deutscher Schäferhund
4. Husky
5. Hund-Wolf-Mischlinge
6. Malamute (Schlittenhund)
7. Dobermann
8. Chow-Chow
9. Dogge
10. Bernhardiner

4. Löwen

5. Tiger

6. Haie

8. Vampirtiere: Tiere, die Blut trinken

Die Fledermaus: Drei der weltweit über 700 Fledermausarten saugen Blut. Zwei Arten davon haben sich auf Vögel als Beute spezialisiert, die dritte trinkt das Blut von Säugetieren.

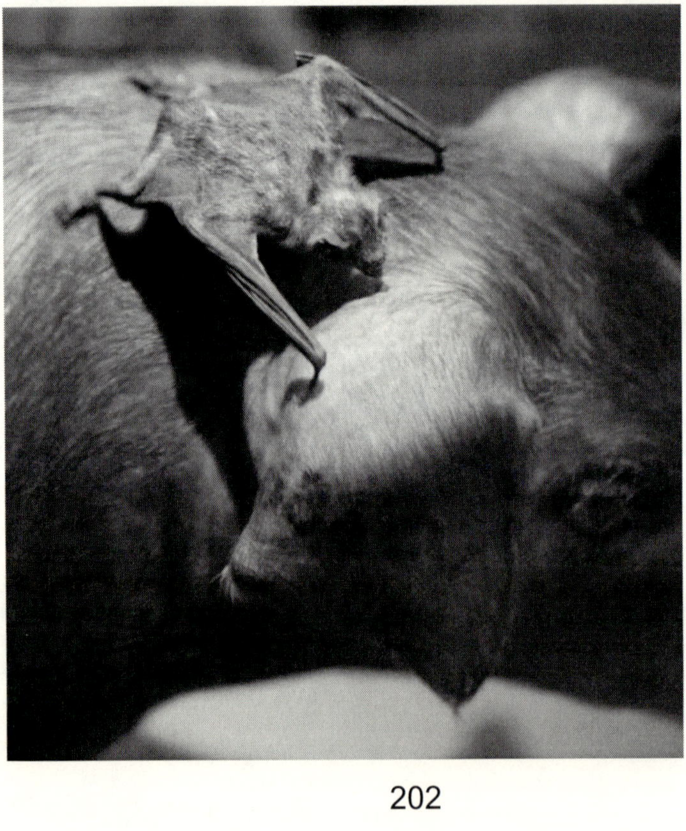

Vampirfledermaus beim Trinken © Sandstein

Der Candirú ist einer der gefürchtetsten Fische der Welt und kann von 2,7 bis zu 15 Zentimeter groß werden. Der im Amazonas lebende Süßwasserfisch zählt zu den Parasiten. Er ernährt sich vom Blut seiner Opfer – der blutsaugende Parasit schwimmt in die Kiemen größerer Fische und trinkt ihr Blut. Für den Menschen ist er als Penisfisch bekannt. Durch Urin angelockt, dringt der Fisch über die Körperöffnungen von nackt Badenden bis tief in die Harnröhre. Das kann zu gefährlichen Entzündungen bis hin zur Penisamputation führen.

Die Anopheles-Mücke mehr darüber in Kapitel 20.8.

Die Tsetsefliege mehr darüber in Kapitel 20.8.

Der Vampirfalter aus der Gattung der Schmetterlings-/Nachtfalter. Er ernährt sich ausschließlich vom Blut anderer Tiere (oder auch Menschen), welches er mit seinem Saugrüssel vorzugsweise aus offenen Wunden zu sich nimmt. Die Raupen des Vampirfalters ernähren sich von frischen Blättern und Blüten.

Weitere Bluttrinker sind: Fliegen, Moskitos, Flöhe, Läuse, Zecken, Bettwanzen, Blutegel. Sie alle trinken Blut von Tieren und Menschen.

Raubwanzen mehr darüber in Kapitel 20.8.

Fische wie die Neunaugen trinken Blut von Fischen.

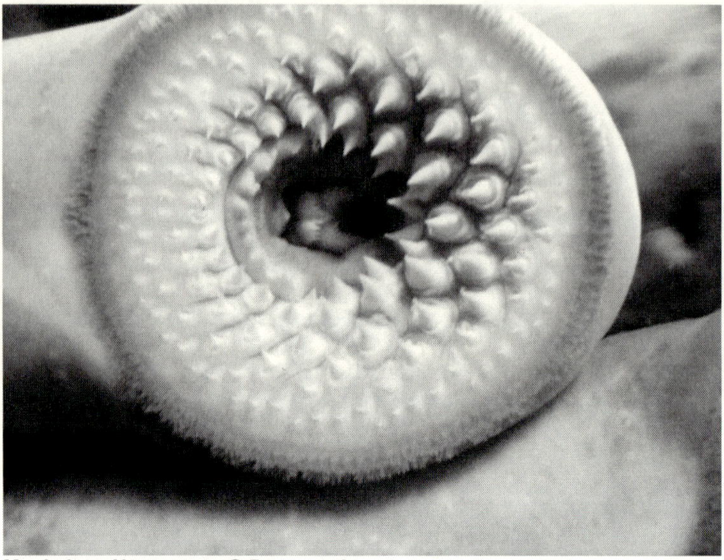

Maul eines Neunauges © Drow_male

Zwei Neunaugen, an einer Forelle hängend

© www.nwrc.usgs.gov/world/images/lamprey.jpg

9. Menschenfresser

Normalerweise sind Tiere keine Menschenfresser. Aber wenn Raubkatzen, Krokodile, große Schlangen und Haie alt oder krank werden und ihre eigentliche Beute nicht mehr fangen können, oder wenn der Mensch sie immer mehr bedrängt und bedrohlich in ihre natürlichen Gebiete eindringt, oder die eigentliche Beute dieser Tiere ausrottet, so dass diese Raubtiere nichts mehr zu fressen haben, dann entwickeln sie sich zu wahren Menschenfressern. Manche Raubtiere spezialisieren sich sogar auf Menschenfleisch:

Einige Beispiele:

Jim Corbett mit dem erlegten Tiger, 1930 © www.giriathrey.com/biographica/cor

Den Weltrekord im Töten von Menschen hält ein **Bengalischer Tiger**. Um 1900 im westlichen Nepal tötete er über 436 Menschen, bevor er schließlich vom Großwildjäger Jim Corbett zur Strecke gebracht wurde.

Der „Leopard von Rudraprayag“ tötete 125 Dorfbewohner in Indien, bevor er nach einer mehrwöchigen Hetzjagd schließlich ebenfalls von Jim Corbett erlegt wurde. Eine ganze Region war wie gelähmt und lebte in Angst. Niemand wagte sich mehr nachts aus seinem Haus.

Jim Corbett mit dem erlegten Leoparden, 1925, von www.giriathrey.com/biographica/corbett.html

Die „Löwen von Tsavo“ töteten 1898 angeblich 135 Brückenarbeiter im heutigen Kenia. Die beiden Tiere wurden aus Mangel an sonstiger Beute zu Menschenfressern. Die Tiere zogen die Männer nachts aus ihren Zelten und schleppten ihre Opfer davon. Trotz Barrikaden aus Dornensperren (Bomas) um das Lager, nächtlichen Feuern und strengen Sperrstunden steigerten sich die Angriffe drastisch bis zu dem Punkt, an dem der Brückenbau schließlich wegen der Angst der Arbeiter zum Erliegen kam.

Innerhalb von 18 Monaten tötete ein **Löwe** am Rufiji-Fluss in Südtansania 35 Brückenarbeiter. Seine Zähne waren so beschädigt, dass er andere Tiere mit festerem Fell nicht zerlegen konnte. Der Mensch war dann für ihn eine passende und einfache Beute.

Löwen (Bild zur Illustration) © William Warby

In Tansania werden jedes Jahr zig Menschen von **Löwen** gefressen. Der bekannteste war der junge Löwe mit dem Namen „OSAMA" benannt nach Osama bin Laden, der bis 2004 mehr als 50 Menschen getötet haben soll. Die Bewunderung der Menschen für ihn brachte ihm den Namen Osama ein, weil er immer dort zuschlug, wo man es nicht erwartetet hatte.

Die berüchtigte **Champawat-Tigerin** tötete aufgrund von Zahnproblemen, die dazu führten, dass sie ihre natürliche Beute nicht reißen konnte, in Nepal und später in der nord-indischen Provinz Kumaon innerhalb von nur acht Jahren 436 Menschen.

Auch **Hyänen** können Menschfleisch lecker finden. Das „Terror-Biest von Malawi“ tötete drei Menschen und fraß ihre Genitalien.

Hyänen

Wölfe sind ebenfalls dabei, wie der **„Wolf von Ansbach“**, der um 1685 durch den bayerischen Wald zog und mehrere Menschen getötet haben soll.

Wolf

Krokodile haben sich an Menschenfleisch gewöhnt. Das berühmte Krokodil aus Burundi hat mehr als 300 Menschen gefressen Alle Versuche, das Tier zu fassen, scheiterten.

Im November 2014 fraß ein **Krokodil** eine schwangere Frau in Uganda. Die 25-Jährige wollte mit anderen Frauen Feuerholz am Kyoga-See im Nordosten des Landes sammeln. Sie wurde von dem Tier angegriffen und ins Wasser gerissen. Die Frau sei daraufhin spurlos verschwunden.

In vielen Ländern der Welt kommt es seit Jahren immer häufiger zu **Krokodil-Attacken**, weil die Gewässer von Menschen überfischt werden. „Die Tiere wissen nicht mehr, was sie fressen sollen und greifen deshalb Menschen an“, meinen Experten.

Krokodil

3 Komodowarane fressen ein Wildschwein © Achmad Ariefiandy

Komodowarane können auch Menschen fressen. Die Echse hat Giftdrüsen wie eine Schlange. Obwohl der Mensch nicht zu ihrer üblichen Beute gehört, gibt es Berichte darüber, dass diese Echsen mehrere Kleinkinder gefressen haben, und auch Teile von Körpern Erwachsener. Das bekannteste Opfer ist der Baron Rudolf von Reding, der während einer Exkursion auf Komodo, einer indonesischen Insel, im Juli 1974 verschwand. Später wurden seine Kamera und ein blutverschmierter Schuh gefunden.

Eine große Anakonda verschlingt ein Wasserschwein, Ausstellungsstück im Senckenberg Museum in Frankfurt am Main © EvaK

Auch gibt es Berichte über **Schlangen,** die es schaffen, einen Menschen am Stück herunterzuschlucken. Das sind die **Anakonda,** der **Netzpython,** der **Tigerpython und** der **Nördliche Felsenpython**. Wenn man weiß, dass es Anakondas gibt, die ganze Kühe oder große Krokodile verspeisen, kann man verstehen, dass der Mensch für diese riesigen Schlangen kein Problem darstellt.

Auf www.tierwelt.ch steht: „... so wurde 1979 im Norden Südafrikas ein dreizehnjähriger Hirtenjunge von einem viereinhalb Meter langen Felsenpython attackiert. Ein zweiter Hirtenjunge, der den Angriff der Riesenschlange beobachtet hatte, rannte sofort ins nächste Dorf, um Hilfe zu holen. Als er jedoch nach zwanzig Minuten mit zwei Männern zum Ort des Geschehens zurückkehrte, war es bereits zu spät. Der attackierte Junge war bereits vollständig vom Python verspeist worden. Die Männer schlugen daraufhin so lange mit Stöcken auf die nahezu grotesk aufgeblähte Schlange ein, bis diese die bereits stark eingespeichelte Leiche des Jungen wieder hervorwürgte."

Ein weiterer Bericht über eine menschliche Schlangenmahlzeit stammt von der philippinischen Insel Mindoro. Dort hatten Dorfbewohner 1998 im Dschungel einen etwa sieben Meter langen Netzpython mit ungewöhnlich prall gefülltem Leib entdeckt. Nachdem die Filipinos das Tier getötet und den Körper aufgeschnitten hatten, machten sie eine grausige Entdeckung: Im Verdauungstrakt des Reptils befand sich ein erwachsener Mann, der von seinen Verwandten am Tag zuvor als vermisst gemeldet worden war. Die Haut des Opfers war bereits stark von der Magensäure verätzt. Am linken Fuß fanden sich Biss-Spuren.

Sind **Haie** auch Menschenfresser? Darüber gibt es schon immer unterschiedliche Meinungen. Hai-Attacken auf Menschen sind bekannt und niemand kann das bestreiten. Auch über Haie, die Menschen fressen, wird oft berichtet, wie in diesem Fall von 1942, als ein englisches Dampfschiff vor der

Küste Südafrikas von einem deutschen U-Boot torpediert wurde und sank. Fast 900 Überlebende trieben im Wasser, Haie wurden durch das Blut der Verletzten angelockt. Als ein rettendes Boot am nächsten Tag zu Hilfe kam, lebten nur noch 192 Schiffbrüchige. Man vermutete, dass viele von Haien gefressen worden waren.

Hai

Im Jahr 2002 berichtete der *Spiegel* über den Fund von menschlichen Resten in Bauch eines Hais. Der Hai, den die Fischer an Land gezogen hatten, war drei Meter lang und 369 Kilogramm schwer. In seinem Magen entdeckten die Männer einen Schädel, einen Armknochen sowie ein Becken. Man hat auch im Bauch von anderen Fischen Menschenreste gefunden.

Piranha © Karelj

Die berühmten Piranhas: Über die Piranhas wird immer viel berichtet. Angeblich sind sie auch Menschenfresser. Alexander von Humboldt war der erste, der diese Tiere als sehr gefährlich beschrieb. Er schrieb:

> „Bei San Fernando auf dem Rio Apure. Am Morgen fingen unsere Indianer mit der Angel den Fisch, der hierzulande Caribe oder Caribito heißt. Er fällt die Menschen beim Baden und Schwimmen an und beißt ihnen oft ansehnliche Stücke Fleisch ab. Ist man anfangs auch nur unbedeutend verletzt, so kommt man doch nur schwer

aus dem Wasser, ohne schwere Wunden davonzutragen. Gießt man ein paar Tropfen Blut ins Wasser, so kommen sie zu Tausenden herauf."

Der ehemalige US-amerikanische Präsident Theodore Roosevelt sagte über die **Piranhas** in seinem 1914 veröffentlichten Bericht über seine Entdeckungsreise durch den Regenwald Brasiliens: „Sie zerreißen und verschlingen bei lebendigem Leibe jeden verletzten Menschen und jedes verwundete Tier; denn Blut im Wasser bringt sie zur Raserei."

Der Wissenschaftler Philip Street schreibt 1971 in seinem Werk *Die Waffen der Tiere*:

„Der Menschenhai und der Barracuda sind furchterregende Geschöpfe, aber an rasender Wildheit und Gefährlichkeit für den Menschen kommt nichts, was im

Meer schwimmt, einem kleinen, in den Flüssen Südamerikas lebendem Fisch gleich. Das ist der Piranha. Er steht mit Recht im Ruf eines Menschenfressers, obgleich seine Länge selten 17,5 cm übersteigt und 25 cm bilden einen Rekord. Der Tod durch den Hai oder den Barracuda ist meist rasch und, verglichen mit dem durch einen Piranha, geradezu gnädig zu nennen. Jeder Mensch und jedes Tier, den das Unglück widerfährt, an einer von diesem blutdürstigen Fisch heimgesuchten Stelle in den Fluss zu fallen, wird buchstäblich bei lebendigem Leibe aufgefressen, Hunderte erscheinen aus dem Nichts, und das Fleisch des Opfers wird in Zehntausenden kleiner Bisse abgefressen, bis nichts übrigbleibt als das nackte Skelett. Das grausige Werk ist kurz. Bei einer neueren Untersuchung wurde der Kadaver eines Schweines von 400 Pfund in einen Fluss herabgelassen, von dem man wußte, daß er von Piranhas wimmelte. Nach 10 Minuten waren nur noch die Knochen übrig. So klein er ist, besitzt der Piranha ein unglaublich scharfes Gebiß, mit dem er einen Finger samt Knochen auf einmal glatt durchbeißen kann. Gewöhnlich ist der Piranha ein geruhsamer Fisch, doch das Erscheinen des Opfers scheint ihn in eine Art von Raserei zu versetzen, und es ist nicht der Hunger allein, der ihn treibt. Lange nachdem sie sich sattgefressen haben, fahren sie mit ihren wütenden Angriffen fort, bis auch nicht das geringste bisschen Fleisch mehr übrig ist; die Abfälle häufen sich am Boden des Flusses, bis die Strömung sie wegschwemmt. Kein Lebewesen entgeht ihrer Aufmerksamkeit, auch keines der eigenen Gattung, und es ist unmöglich, mehr als einen von ihnen in einem Aquarium zu halten.“

10. Tiere und Gefühle

Elefanten sind Herdentiere und fühlen wie Menschen. Sie trauern, wenn einer von ihnen stirbt, und sie halten sogar Totenwache. Ein Forscherteam um den britischen Biologen Ian Redmond beobachtete in der afrikanischen Steppe Elefanten, die voller Trauer waren, nachdem einer von ihnen durch einen Schlangenbiss sterben musste. Der Forscher schrieb in seinem Tagebuch: „Tag für Tag kommen die Elefanten in der Mittagshitze zum Kadaver und halten Totenwache“. Er beobachtete, wie die Tiere jeden Abend mehrere Kilometer zurücklegten, um Futter zu finden und dann am nächsten Morgen wieder zu ihrem toten Artgenossen zurückkehrten.

Elefanten

Schimpansen

Affen zeigen auch solche Gefühle, wenn einer von ihnen stirbt. Sie zeigen Trauer und die Betroffenen werden gar getröstet, wie der Forscher Frans de Waal feststellte. Er beobachtete in Afrika **Schimpansen**, als sie verwundete Gefährten versorgten. „Sie entfernten Blut, vertrieben Fliegen und nahmen während der Reise Rücksicht auf die Verletzten", schrieb er.

Auch **Delfine**, **Hunde** und viele andere Tiere zeigen auf ihre Art Gefühle, die nicht unbedingt mit dem Menschenverstand zu sehen und zu begreifen sind. Sie können Angst, Wut, Freude, Liebe, Egoismus, Hinterlistigkeit, Höflichkeit, Würde, Mut und viele Gefühle mehr zeigen.

In meiner Kindheit hatte unsere Hündin eine Freundin. Dies war aber kein Hund wie sie, sondern eine Ziege. Sie waren fast unzertrennlich. Dann starb die Ziege altersbedingt. Die Hündin jammerte, schrie und weinte ohne Tränen, wochenlang. Sie verweigerte das Fressen und versuchte alle anzugreifen, die der Leiche der Ziege zu nahe kamen. Unsere Hündin blieb 48 Stunden an der Stelle sitzen, wo wir die Ziege begraben hatten.

11. Tiere, die mit Tränen weinen können

Es gibt Berichte über **Elefanten**, die aus Trauer, Schmerz oder bei einer Trennung Tränen vergossen haben. Die US-Biologin Cynthia Moss beobachtete, dass eine Elefantenkuh mit ihren Jungtieren vom Rest der Herde getrennt wurde. Als sie sich eine Woche später wiedertrafen, liefen sie mit Tränen in den Augen aufeinander zu.

Krokodile weinen oft beim Fressen. Ob dieser Vorgang mit Trauer, Freude oder Mitgefühl zu tun hat, ist sehr umstritten.

Auch andere Tiere wie **Affen** und **Hunde** wurden beim Weinen beobachtet.

Allgemein weinen Tiere auf ihre Art. Sie müssen nicht wie Menschen Tränen vergießen, aber ihre Art zu lamentieren zeigt manchmal, dass sie gerade weinen, wenn auch ohne Tränen.

12. Intelligente Tiere

Entgegen der früheren Annahmen der Wissenschaft, Tiere seien nicht intelligent und reagierten nur per Instinkt, gibt es immer häufiger Beweise, dass diese Theorie falsch ist und dass Tiere vielleicht sogar viel intelligenter sind als die Menschen. Nur weil wir sie nicht verstehen oder sie nicht wie wir reagieren, bedeutet das nicht, dass sie nicht denken, überlegen, rechnen und fühlen können. Es kann nicht immer nur Instinkt sein, denn man beobachtet oft, wie kleine Tiere von ihren Eltern lernen und gezeigt bekommen, wie etwas geht

Lemur Mutter und Jungtier

oder wie man etwas macht.

In Afrika war ein Teil meiner rituellen Einweihung die Beobachtung der Natur und besonders der Tiere.

Wir hatten Hunde und viele weitere Tiere wie Hühner, Enten, Wildhasen, Schafe, Schweine und sehr viele Wildtiere, da wir nah am Urwald lebten. Eine meiner Aufgaben war es, den ganzen Tag nur ein Tier zu beobachten und alles zu notieren. Dadurch erkannte ich sehr schnell, bereits in den 1970ern, dass alles was wir in Schulbüchern über Tiere lernen – auch in den westlichen Ländern – total falsch ist.

Durch diese Einweihung in die Natur erkannte ich zum Beispiel schnell, dass Tiere die genausten Meteorologen sind. Sie wussten genau, wie das Wetter sich entwickeln würde. Sie wussten genau, wann es regnete und kurz davor gingen diejenigen, die kein Wasser abbekommen wollten, zurück in ihren Stall.

Es war erstaunlich, wie sie sich heilten, wenn sie krank

Schafe

waren, oder was sie aßen, kurz bevor sie sich paarten, oder kurz bevor sie sich zur Nachtruhe niederließen, um gut und entspannt zu schlafen.

Meine Erkenntnisse aus Afrika und neue wissenschaftliche Erkenntnisse bestätigen die ur-afrikanische These: Tiere sind intelligent und manche dabei noch intelligenter als die Menschen. Meine Beobachtungen bei den Tieren zeigten mir, dass zumindest bei Haustieren die Intelligenz mit viel Spielen und Freiheit zusammenhängt.

Ich glaube, dass wir noch mehr von den Tieren lernen könnten, wenn wir unseren Überlegenheitskomplex ablegen würden. Wozu braucht ein Löwe ein Auto? Ein Adler einen Computer? Ein Elefant einen Jogurt? Wenn sie das gebraucht hätten, um zu leben, hätten sie etwas Ähnliches entwickelt. Sie brauchen es eben einfach nicht und müssen deswegen ihre Intelligenz nicht beweisen, indem sie wie Menschen handeln.

Termitenhügel

Dass wir Menschen aufgrund unserer Lebensumstände und Bedürfnisse Sachen erfinden müssen, um zu überleben, ist klar. Aber deswegen davon auszugehen, dass wir besser sind, und uns als intelligenter zu bezeichnen, zeigt doch vielleicht, wie wenig intelligent wir im Vergleich zu Tieren sind. Kann man einen Fisch mit einer Schlange vergleichen? Einen Vogel mit einem Affen? Nein, sie denken anders und überlegen anders, weil sie verschiedene Bedürfnisse haben.

Wir sind nicht intelligenter als diese kleinen Termiten. Man muss sich nur ihre Hügelarchitektur ansehen, in der die Innentemperatur ganzjährig konstant ist. Sogar unsere klügsten Architekten haben so etwas ohne Fremdeinwirkung, wie einer Heizung oder Klimaanlage, nie geschafft.

Meeresschildkröte

Oder schauen wir uns die Orientierung der Tiere an, wie bei **Vögeln** und **Schildkröten**, die tausende von Kilometern zurücklegen und exakt da ankommen, wo sie hinwollten. Wir Menschen schaffen das in unseren Autos, Flugzeugen und Schiffen nur dank Satellitensystem und Kompass. Da unsere Intelligenz noch nicht in der Lage ist, diese andere Intelligenz anderer Wesen zu erklären, und wir uns nicht geschlagen geben wollen, nennen wir das Verhalten und die Intelligenz der Tiere *Instinkt* und beweisen das mit ein paar Studien über bestimmte Tiere. Aber wir wissen doch, dass es auch bei den Menschen Intelligente und weniger Intelligente gibt.

Alles nur Instinkt? Nein, wir sehen heute, dass Tiere ihren Kindern etwas beibringen, zum Beispiel, wie man Beute erlegt, oder wie man eine Nuss mit Steinen aus ihrer Schale befreit. Das ist doch der Beweis, dass sie lernen müssen, wie auch wir Menschen gelernt haben. Das ist Intelligenz.

Schimpanse

Dass manche Tiere sofort nach der Geburt alles können, kennen wir auch bei Menschen, die wir hochintelligent nennen. Sie haben einen super IQ. Wenn bei Menschen solches

Sofortwissen nicht als Instinkt angesehen wird – wenn z.B. ein 4-Jähriger Mathe der dreizehnten Klasse blind beherrscht oder ein 6-Jähriger die Noten von Mozart fehlerfrei spielt und sie als Genies angesehen werden – müssten wir dann nicht nach dieser Logik manche Handlungen von Tieren, die etwas wissen, ohne es wirklich mühsam gelernt zu haben, genau wie diese Kinder SUPERGENIAL nennen?

Vielleicht erkennen die Menschen irgendwann, dass die Tiere sogar intelligenter sind als sie. Ja, die Frage wird lauten: Wer ist dümmer? Die Menschen oder die Tiere? Wie gesagt, nur der Versuch, die Intelligenz eines Tieres mit der eines Menschen zu vergleichen, zeigt nicht gerade, wer weniger oder mehr intelligent ist.

Nein, Menschen, die mit der Natur und vielen unterschiedlichen Tieren zu tun haben, werden bestätigen, dass Tiere eine erstaunliche Intelligenz haben und wir werden noch hunderte von Jahren brauchen, um sie zu verstehen. Sie handeln nicht aus Instinkt, es steckt eine gute und komplexe Logik hinter ihren Handlungen, die wir einfach noch nicht ganz verstehen.

Ich würde sogar sagen, dass das Wort *Intelligenz* falsch ist. Man kann sie bei Tieren nicht so messen, wie beim Menschen und außerdem sind für Tiere andere Fähigkeiten relevant als für uns.

Meiner Meinung nach ist es sehr schwierig zu sagen, welche Tiere schlauer sind als die anderen. Es kommt immer darauf an, wie man „schlau“ definiert und welche Kriterien der Untersuchung zugrunde liegen. Oft machen wir Menschen den Fehler, die Intelligenz der Tiere an unserer Intelligenz zu messen. Das wäre, als ob man heute sagen würde, dass ein Schiff weniger „schlau“ ist als ein Flugzeug, weil das Flugzeug hoch fliegt und schneller ankommt. Aber in Wahrheit ist das Schiff genauso „schlau“ wie das Flugzeug, sie haben nur unterschiedliche Funktionen und Ziele.

Geben wir einem Menschen ein Smartphone, der so etwas noch nie gesehen hat, wird er sehr dumm aussehen. Heißt das, dass dieser Mensch nicht schlau ist? Dennoch liste ich hier auf, was die Bücher uns über schlaue Tiere sagen und gebe hier einige Beispiele der intelligentesten Tiere nach Menschenverständnis und -logik. Auf den folgenden Seiten erfährst du mehr über diese Tiere, die zu den intelligentesten auf der Erde gehören.

12.1. Die schlausten Tiere

Delfin: Die Intelligenz von Delfinen ist weitgehend anerkannt. Nach neuesten Studien sind Delfine genauso intelligent wie der Mensch. Ihre Hirnstruktur erlaubt komplizierte Denkvorgänge und ermöglicht es, ein Selbstbewusstsein zu erlangen. Andere Studien widersprechen dieser Annahme und halten Delfine zwar für schlau, aber nicht so schlau wie der Mensch. Delfine können sich individuell durch ihre Pfeiflaute erkennen und sich sogar damit direkt anrufen und antworten. Diese Laute sind nicht durch die Charakteristik der Stimme definiert, sondern durch die Lautfolge. Das heißt, die Lautfolge wird wie ein Name verwendet – das ist einmalig im Tierreich. Genau wie der Mensch können Delfine verschiedene Symbole erkennen. Das können Seelöwen auch, sogar schneller als Delfine. Delfine können sogar fernsehen und die Szenen verstehen.

Orang-Utan

Orang-Utans können kommunizieren und sind sozial gut organisiert. Sie bilden ihre Kinder aus, unterrichten sie in den alltäglichen Dingen und erziehen sie zur Unabhängigkeit.

Ich persönlich finde **Hunde und Katzen** auf ihre Art sehr intelligent. Hunde erkennen schon an den kleinsten Bewegungen, was ihr Herrchen will und wie es ihm geht.

Schimpansen und das Experiment von Wolfgang Köhler:

„Eine Banane wird oben ins Drahtgitterdach des Spielplatzes gehängt, viel zu hoch, um selbst im Sprung von einem Schimpansen erreicht zu werden. Einige Meter von dieser Stelle entfernt befindet sich eine Kiste von beträchtlicher Größe. Hier zögerte Sultan niemals; er schleppte die Kiste so weit, bis sie gerade unter der Banane stand, kletterte herauf, sprang von hier aus in die Höhe und erreichte die Banane ohne die geringste Mühe.“ So schreibt er in seinem Buch *Die Aufgabe der Gestaltpsychologie* (Berlin 1971, S. 117).

Oder wie bei Wikipedia zu lesen ist:

„Andere Schimpansen hatten unter anderem Kistentürme gebaut und waren an diesen emporgeklettert, um an hoch hängende Bananen heranzukommen. Ferner hatten sie Stöcke ineinandergesteckt, um damit an eine Frucht zu kommen, die sich außerhalb ihres Käfigs befand. Aus den Beschreibungen Köhlers geht hervor, dass die Schimpansen diese Handlungen nicht allein durch Ausprobieren erlernten. Vielmehr habe man beobachten können, dass ein Tier ruhig

Schimpanse mit Stock © Pacman

dasaß, umherschaute – zur Banane, zu den Kisten, zum Platz unter der Banane – um irgendwann gleichsam überlegt die Kisten unter der Banane zu stapeln und so die Frucht herabholen zu können. Köhler wies aber auch darauf hin, dass nicht jedes seiner Tiere zum Werkzeuggebrauch in der Lage war."

Elefanten sind Herdentiere. Wenn ein Artgenosse stirbt, betrauern die restlichen Tiere seinen Tod und halten sogar Totenwache. Sie erkennen sich im Spiegeltest und verwenden Pflanzenbüschel und Zweige, um Fliegen zu vertreiben. Elefanten haben noch dazu ein super Gedächtnis. Sie ver-

Elefantenherde

gessen nichts und können Rache üben. Man kennt die Geschichten von Elefanten, die als Rache für ihren getöteten Genossen das ganze Dorf zerstörten, in dem der „Mörder“ lebte. Nach der Zerstörung gingen sie wieder zurück in den Wald.

Elefanten können komplizierte Zusammenhänge verstehen. So zum Beispiel, wenn sie von Strom an einem Zaun gestört werden. Die Forscherin Joyce Poole beobachtete Elefanten, die große Steine benutzten, um die Stromversorgung zu kappen. Sie warfen Steine auf den elektrischen Zaun, um so die Stromversorgung zu unterbrechen.

Der Fuchs ist schlau. Die Intelligenz sei sogar eines der Erfolgs- und Überlebensgeheimnisse dieser Tierart. Anstatt zu verschwinden und vom Menschen ausgerottet zu werden, der ihren Lebensraum zerstört, lernen die Füchse im Gegenteil, den Lebensraum der Menschen für sich zu nutzen und erfolgreich weiterzuleben.

Das ist einzigartig bei den Raubtieren. Auch die Jagdmethoden des Menschen durchschauen sie schnell.

Auch einige Vögel gehören zu den intelligentesten Tieren.

Raben können einen Draht geschickt zurechtbiegen und als Werkzeug benutzen. Sie können auch rechnen. Dieser Vogel hat außerdem erkannt, dass ein Auto nützlich für ihn sein kann. Zum Beispiel legt er Nüsse auf die Straße und wartet, bis ein Auto darüberfährt und die Nuss knackt.

Tannenhäher können sich bis zu 3000 Verstecke merken! Sie deponieren Nüsse oder auch Kiefer-

Tannenhäher © Murray B. Henson

samen in Bäumen als Vorrat für den Winter.

Graupapagei © Ernst Vikne

Papageien können sprechen. Sie können, wie Alex, der Graupapagei der Tierpsychologin Irene Pepperberg, die Bedeutung hinter den Worten begreifen. Alex konnte Gegenstände nach ihrer Farbe, Größe, Anzahl und ihrem Material benennen.

Goffinkakadu
© Lip Kee Yap

Der Goffinkakadu, eine Papageienart, kann einen Plan entwickeln, um komplexe Probleme zu lösen. Er kann Werkzeuge erfinden. Er kann zum Beispiel eine Technik entwickeln, wie er aus seinem Käfig herauskommt, um an Nüsse zu kommen, die außen vor dem Gitter liegen. „Nachdem er mit dem Versuch gescheitert war, die Nuss mit einem kleinen Stöckchen in den Käfig zu befördern, löste er einen langen Splitter aus dem Rahmen. Mit dem Gerät funktionierte es“, berichten Wissenschaftler um Alice Auersperg im Fachblatt *Current Biology.* „In einem weiteren Versuch befreite er einen kleinen Ast von Seitenzweigen und kürzte ihn, da er sich als zu lang erwies, zum passenden Werkzeug“, wie in der *Süddeutschen Zeitung* zu lesen ist.

Kapuzineraffe
© Whaldener Endo

Kapuzineraffen leben in Mittelamerika und setzen sich stark für die gerechte Verteilung von Essen untereinander ein. Außerdem vergleichen sie sich miteinander.

Affen können Werkzeuge benutzen. Nach neuesten Studien können sie sich sogar Gedanken über die Zukunft machen.

Ein Gorillaweibchen benutzt einen Stock als Werkzeug © http://journals.plos.org/plosbiology/

Gorillas zeigen erstaunliche Fähigkeiten. Ein Beispiel zeigt uns das Gorilla-Weibchen Koko in Amerika. Wikipedia schreibt: „Koko erlangte internationale Aufmerksamkeit, nachdem sie von Francine Patterson und anderen Wissenschaftlern an der Stanford University trainiert wurde, mit über 1.000 Zeichen der Amerikanischen Gebärdensprache zu kommunizieren und annähernd 2.000 englische Wörter zu verstehen. Sie ist darüber hinaus der einzige bekannte Gorilla, der den

Spiegeltest bestanden hat. Koko verfügt bereits über bemerkenswerte Sprachfähigkeiten. Auf die Frage: „Was ist der Tod?“ antwortete Koko mit drei Zeichen: „Gemütlich – Höhle – Auf Wiedersehen.““

Buckelwale haben komplexe Gesänge entwickelt, mit denen sie sich verständigen. Es existieren unterschiedliche Liedtypen. Je nach Region haben sich außerdem bestimmte Dialekte gebildet, die die Herkunft der Tiere verraten.

Ameisen sollen die intelligentesten Insekten der Welt sein. Sie bilden Städte, in denen Millionen von ihnen leben können und wo alles genauestens organisiert ist. Sie bilden auch Autobahnen mit Millionen Ameisen, aber ohne Stau, denn überholen ist verboten. Jede einzelne Ameise respektiert dieses Gesetz, nicht wie bei den Menschen, die gerne mal die Regeln der Straßenverkehrsordnung missachten! Jede Ameise hat eine gezielte Aufgabe, sei es als Jäger, Sammler, Soldat, Wächter, Beobachter, Ingenieur usw.... Sie halten sogar Sklaven. Sie kommunizieren miteinander, können sogar fremde Ameise empfangen, wie es die Menschen tun, die danach wieder zu sich nach Hause gehen.

Waldameisen

Auch andere Tiere, wie **Bienen** oder **Kraken** zeigen erstaunliche Zeichen von Intelligenz. **Afrikanische Mäuse** überraschen immer wieder mit der Art, wie sie Fallen umgehen und dennoch den Köder fressen.

Biene

Krake

Ich habe den Fall erlebt, dass eine **Katze** den Topfdeckel aufmachte, Fleischstücke entwendete und den Deckel wieder dicht schloss. So hat zuerst niemand daran gedacht, dass sie es gewesen war. Das ist Intelligenz und Denken.

12.2. Die Geschichte von unserem Hund, der Streit schlichtete

Als ich zwischen 3 und 11 Jahre alt war, hatten wir eine Hündin, einen Schäferhund. Sie kam zu uns als sie noch ein Baby war. Das Haus war voll mit Kindern. Es waren ständig mindestens 12 Kinder im Haus. Ich komme aus einer großen Familie. Mein Vater hatte damals zwei Frauen und dementsprechend viele Kinder. Dazu kamen Cousins und Cousinen. Unsere Eltern hatten ihr Haus und wir Kinder hatten unser eigenes Haus auf dem gleichen Grundstück.

Wir spielten sehr viel mit der Hündin und sie war ein volles Familienmitglied geworden, das wir sehr liebten. Diese Hündin hasste es, wenn man sich stritt. Sie kam dann drohend dazwischen, schubste die ältere Person weg und nahm den Schwächeren in Schutz.

Als sie größer und reifer geworden war, spielte sie die Rolle der Richterin. Sie ging nicht mehr zwischen die Streithähne, um die schwächere bzw. die jüngere Person zu schützen.

Ihr Verhalten änderte sich. Sie beobachtete den ganzen Streit. Sie verfolgte die Diskussion sehr aufmerksam und wenn eine Person bei dem Streit wegging und weiter stritt, folgte sie ihr sogar. Und dann, irgendwann, wurde es ihr zu viel, und sie ging auf die Person los, die ihrer Meinung nach schuldig war, oder unfair und ungerecht gehandelt hatte. Erstaunlicherweise lag sie fast immer richtig, wie sich herausstellte, wenn unsere Eltern dann kamen und die Streithähne befragten. Es ging so weit, dass unsere Eltern, wenn es Streit gegeben hatte und sie die Wahrheit wissen wollten, nur die Hündin riefen und fragten, wer angefangen hatte. Die Hündin bellte dann diejenige Person an, die den Streit angefangen hatte. Fragte man sie, wer Recht hatte, bellte sie denjenigen an, der Recht hatte. Das war wirklich erstaunlich. Wir hatten danach andere Hunde, die aber nicht so waren wie sie. Mein Vater sagte, dass es daran liege, dass wir mit unserer Hündin viel zusammen gemacht hatten, viel Zeit mit ihr verbracht, viel mit ihr gespielt, sie voll integriert, ihr vertraut und ihr viel Freiheit gegeben hatten. All das haben wir mit den anderen Hunden nicht mehr so gemacht, als wir in die Stadt gezogen waren, wo sie auch nicht mehr die Freiheit und das große Gelände zum Spielen hatten. Mein Vater ergänzte, dass bei Tieren Streitereien untereinander, Schlichtung und sich wieder vertragen auch dazugehöre. Sie müssen das lernen, und sie lernen es gut, wenn das Umfeld stimmt.

Schäferhund

An diesem Beispiel sieht man, dass Tiere ganz komplexe Situationen, wie Streitereien zwischen Menschen, verstehen können, wie unsere Richter am Gericht auch. Das ist Intelligenz.

12.3. Die Mathematiker und Physiker unter den Tieren

Tiere sind wahre Mathematiker und Physiker. Sie können viele Sachen tun, die wir Menschen nicht können und kennen. Sie haben sozusagen Mathe im Blut und deswegen wissen sie zum Beispiel genau, wie lange sie brauchen, um eine Strecke zurückzulegen. Sie wissen genau, welche Jahreszeit es ist. Was Piloten jahrelang lernen müssen und nur mit der Unterstützung von Computern hinbekommen, nämlich ein Flugzeug zu fliegen und die Koordinaten zu kennen, machen Vögel blind. **Zugvögel**, **Wale** und **Meeresschildkröten** können Tausende von Kilometern zurücklegen, ohne die Orientierung zu verlieren, weil sie die Trigonometrie beherrschen.

Raben, **Papageien**, **Honigbienen**, **Tauben**, **Ratten**, **Löwen**, **Delfine** und viele **Affenarten** können zählen und sogar rechnen.

Mengenrechnung gehört zur Mathematik und diese Tiere können das ziemlich gut. So kann ein Tier mit einem Blick erfassen, welcher von zwei Bäumen mehr Früchte trägt, dass die Gegner in Überzahl sind oder dass es eine bestimmte Höhe nicht erreichen kann.

Pferde nehmen Bewegungen wahr. Manche sagen, dass sie es unbewusst tun. Ich gehe aber davon aus, dass man das so nur denkt, wenn man diese Pferde aus menschlicher Sichtweise betrachtet. Der Fall des Pferdes „Kluger Hans“ und dem Schulmeister und Mathematiklehrer Wilhelm von Osten wurde sehr oft kommentiert und erregte viele Aufmerksamkeit. Das Pferd konnte rechnen, buchstabieren, zählen und gab die richtigen Antworten auf die Fragen des Lehrers durch das Klopfen seines Hufes oder durch Nicken oder Schütteln des Kopfes.

Osten und der Kluge Hans, ca. 1908 von www.kryptozoologie.net

Der amerikanische Mathematiker Tim Pennings zeigte, dass **Hunde** und andere Säugetiere Mathe können. Er spazierte mit seinem Hund „Elvis“ am Strand des Lake Michigan entlang. Er warf Tennisbälle ins Wasser, der Hund brachte sie zu ihm zurück und Pennings beobachtete, dass sein Hund bei einigen Bällen scheinbar einen Umweg nahm, um ihn zu erreichen. Da wurde er stutzig. Warum nahm der Hund nicht den direkten Weg, sondern lief zunächst eine ganze Weile am Strand entlang und sprang erst dann ins Wasser, als er auf gleicher Höhe mit dem Ball war?

Hund im Meer – Bild zur Illustration

Der Mathematiker verstand, dass der Hund genau wusste, dass der schnellste Weg, um den Ball im Wasser zu erreichen, nicht der kürzeste und direkteste Weg sein muss. Er wusste, dass er schwimmend nicht so rasch vorankam wie rennend. Auf dem Land wäre er direkt zum Ball gerannt, aber mit dem Wasser zwischen sich und dem Ball, wusste er anscheinend, dass er so viel Strecke wie möglich an Land zurücklegen und die Strecke im Wasser kurz halten sollte, wenn er schnell am Ball sein wollte.

Später fand Pennings heraus, dass sein Hund immer, auch wenn es sehr stürmisch war und der Ball wegen der Wellen hin und her schwamm, die beste Strecke wählte, die ihn am wenigsten Zeit und Energie kostete. Diese Strecke zu berechnen ist für Menschen nur mit komplizierten Differenzialgleichungen möglich.

Hund beim Stöckchenholen, Bild zur Illustration © Kleuske

Hunde springen nicht zufällig in die Luft, um etwas zu fangen.

Sie berechnen immer alles genau, gleichzeitig „wo, wie und wann“, um es im richtigen Moment zu erwischen.

Wir sehen manchmal Hunde einen leichten Kreisbogen laufen, um einen Ball, der geworfen wurde, zu erreichen. Für den Menschen sieht es aus, wie ein Spiel. Aber für den Hund erscheint die Flugbahn des Objekts wie eine Gerade und sie behält er immer im Blick.

Ein Auszug aus dem Buch „Je mehr Löcher, desto weniger Käse: Mathematik verblüffend einfach“ (2012) von Holger Dambeck zeigt, wie der Mathematiker den Weg seines Hundes Namens Elvis berechnete.

> Er rennt vom Startpunkt A über den Strand bis zum Punkt D. Diese Strecke hat die Länge z - y. Dann schwimmt er von D zu B. Nach dem Satz des Pythagoras ist diese Strecke die Wurzel aus $(x^2 + y^2)$. Die Laufgeschwindigkeit bezeichnen wir mit g, die Schwimmgeschwindigkeit mit s. Weil Zeit = Weg/Geschwindigkeit ist, erhalten wir für die Gesamtzeit folgende Formel:
>
> $T(y) = (z-y)/g + \sqrt{}(x^2 + y^2)/s$
>
> Wir suchen das Minimum dieser Funktion und berechnen deshalb ihre erste Ableitung:
>
> $T'(y) = -1/g + y/(s^* \sqrt{}(x2 + y2))$
>
> Das Minimum der Funktion muss bei T'(y) = 0 liegen.

Als Lösung erhalten wir dann:

y = x/√(g2/s2-1)

Ergebnis der Untersuchung: Elvis rennt mit 6,4 Metern pro Sekunde und schwimmt mit 0,9 Metern pro Sekunde. Daraus ergibt sich die Beziehung y = 0,14x. Das bedeutet, dass der Hund sehr lange über den Strand läuft, bevor er fast senkrecht abbiegt, um den Rest der Strecke zu schwimmen. Das ist Mathematik für clevere Köpfe. Wie viele Menschen können das Gleiche tun?

Tauben können genauso gut zählen und abstrakte Zahlenregeln befolgen wie Affen. Das bewiesen 2011 neuseeländische Forscher. Ihre Forschung zeigte, dass die Vögel Bilder korrekt nach der Menge der jeweils dargestellten Objekte ordnen – selbst wenn sie die Formen und Objekte zum ersten Mal sehen.

Koboldkärpfling © Raver, Duane

Auch **Fische** können rechnen: In einem Experiment, das im *National Geographic* erschien, wurde von einer ähnlichen Rechenfähigkeit von Fischen berichtet. Es ging um **Koboldkärpflinge**. Zehn von ihnen wurden in einen Wassertank gegeben. Sie sollten durch zwei mögliche Türen zu einem größeren Tank mit anderen Fischen gelangen. Aber nur eine der Türen, die mit der richtigen Anzahl an Symbolen (mit unterschiedlichen Formen, Größen, Farben usw.) war die richtige. Nur durch sie würden die Fische zu ihren Artgenossen kommen. Das bedeutete, die Fische mussten zuerst die Anzahl der Symbole zusammenrechnen und dann die richtige Tür mit der gleichen Anzahl an Symbolen finden. Die Koboldkärpflinge wählten immer die richtige Tür.

Bienen können auch rechnen, wie Professoren vom Max-Planck-Institut an der Universität Würzburg bewiesen haben. Die Bienen konnten nach menschlichen Vorgaben Tafeln mit bis zu 4 Objekten erkennen. Sie konnten die Anzahl der Objekte zählen.

Zugvögel, Aale, Wale, Meeresschildkröten legen mehrere Tausend Kilometer zurück, hin und her, ohne die Orientierung zu verlieren. Sie kommen immer genau da an, wo sie hinwollen. Das ist höchste Trigonometrie. Flugzeuge und Schiffe ohne Radar würden das nicht schaffen.

Wüstenameisen zählen ihre Schritte.

Wüstenameisen
© C. Bobzin

Wüstenameise © C. Bobzin

Von Tag zu Tag entdecken Wissenschaftler immer mehr Tiere, die rechnen können! Vielleicht sollten wir Menschen nicht versuchen, Tiere dazu zu bringen, wie wir zu rechnen, sondern uns dazu bringen, wie die Tiere zu rechnen, ihre Art komplexe Aufgaben zu erledigen, zu verstehen. Wir würden vielleicht – wie diese Tiere – viel mehr naturverbundene Wissenschaft entdecken, die uns viel weiter bringt, uns viele natürliche Geheimnisse verrät und all das, ohne die Natur und die Menschen zu zerstören. Vielleicht stellen wir irgendwann fest, dass die Tiere die besseren Mathematiker sind?

12.4. Die Handwerker unter den Tieren

Persönlich glaube ich, dass viele Tiere Werkzeuge benutzen können. Sogar Insekten tun es, aber wir sehen oder erkennen dies nicht. Hier sind nur einige Beispiele unter vielen:

Bereits 1778 hatte der niederländische Naturforscher Arnout Vosmaer (1720–1799) aus eigener Anschauung über einen der ersten lebend in Europa eingetroffenen **Orang-Utans** berichtet. Dieser habe 1776 in der Menagerie von Wilhelm V. versucht, mit einem kleinen Stück Holz ein Schloss zu öffnen, und – bei anderer Gelegenheit – habe er versucht,

mit einem aus einem Brett herausgezogenen Nagel die Befestigung der Kette wegzuhebeln, mit der er in seinem Käfig angebunden war. (Wikipedia)

Bei einem Versuch an der Universität von Auckland in Neuseeland benutzten **Krähen** einen Stock als Schnabelverlängerung, um an einen zweiten Stock zu gelangen, der wiederum lang genug war, ein Fleischstück aus einem Holzstück mit Hohlraum zu angeln.

Schimpansen können im Freiland Werkzeuge benutzen und sogar Jagdwaffen herstellen. Sie benutzen auch Hammer oder Steine, um Nüsse zu knacken und Speere, um Beutetiere zu jagen, wie Forscher im Senegal beobachteten.

Auch andere **Affen** können ziemlich gut Holzstäbe als Werkzeuge nutzen.

Elefanten benutzen auch Werkzeuge.

12.5. Architekturwunder der Tiere - Tiere sind super Architekten: 10 Beispiele

Nicht nur die Menschen, sondern auch die Tiere sind super Architekten. In manchen Bereichen sind sie sogar viel weiter als die Menschen, wie zum Beispiel die Termiten, die ein Haus (den Termitenhügel) bauen können, das über das ganze Jahr gleichbleibend temperiert ist, ohne Klimaanlage!

Quelle und Bilder: www.soocurious.com

Termiten:

Spinifex Termite, Australien. Diese Termiten bauen Türme, die über 6 Meter hoch sein können und in denen mehr als 3 Millionen von ihnen leben können.

Spinifex Termiten, Australien

Spinifex Termiten, Australien

Meeresschnecke, in den Tiefen der tropischen Ozeane

Diese bemerkenswerten Weichtiere verwenden ihre Schalen als Basis und binden Kies, Muscheln und andere Ablagerungen an, um ihren Schutz vor Raubtieren zu verbessern.

Meeresschnecke

Ameisen Oecophylla, Australien

Um ihre Nester zu bauen, nutzen Ameisen ihre Mandibeln (ihr Mundwerkzeug), um die Blätter zu verbinden. Danach werden sie mit Seide, die ihre Larven produzieren, zusammengenäht.

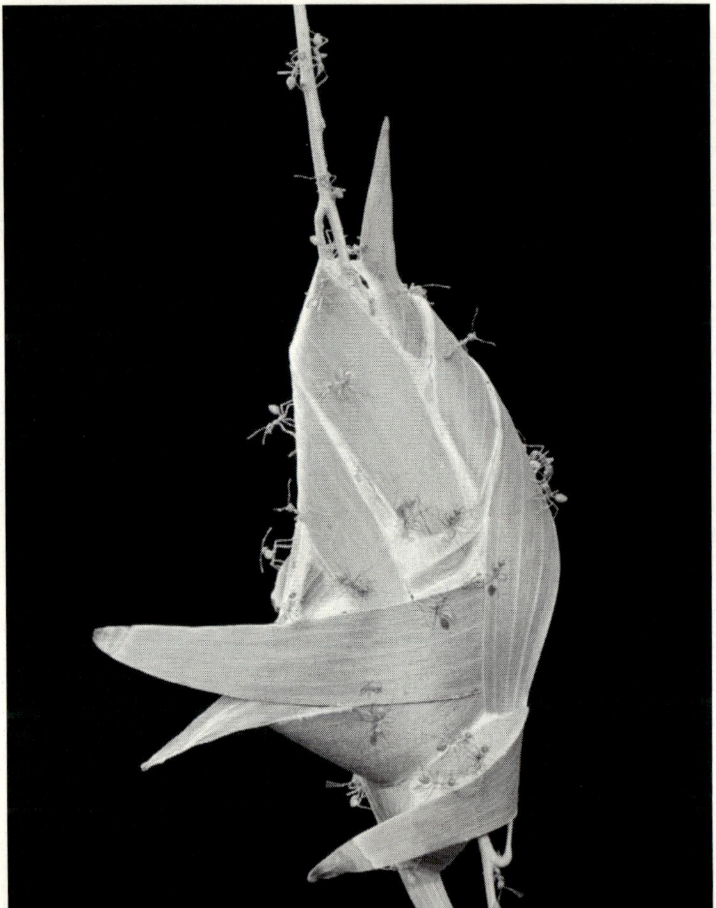

Ameisen

Vögel (Bilder www.toolito.com/)

Braune Gärtner-Vögel, Indonesien

Diese tolle Wohnung wird *Boudoir* genannt und wird vom männlichen Braunen Gärtner erbaut. Alles, was bunt ist, gilt als Dekoration, um Weibchen anzulocken.

***Boudoir* der Braunen Gärtner-Vögel © www.thewilderness alternative.com**

Baya-Vögel, die Weber aus Namibia und Kamerun

Diese Vögel benutzen frisches Gras, weil es noch flexibel ist, und verweben es miteinander. Die Sonne härtet es dann später und macht das Konstrukt sehr solide und fest.

Baya Vögel

Der „**soziale Republikaner**" aus Südafrika, Namibia und Botswana webt große Gemeinschaftsnester, die Hunderte von Vögeln über mehrere Generationen beherbergen können. Diese Nester, aus Stöcken und Gras gewebt, sind dauerhaft. Tiefe Kammern halten eine höhere Temperatur in der Nacht, so dass die Vögel warm bleiben.

Der soziale Republikaner

Schwalben

Schwalben bauen Nester aus verschiedenen Materialien und Lehm. Einige Arten von Schwalben erstellen ihre Nester jedoch vor allem mit ihrem eigenen Speichel. Diese Nester werden von manchen Menschen als Delikatessen gegessen. Dafür ist es zunächst notwendig, das Schwalbennest von allen Verunreinigungen und den Federn zu befreien. Dann wird es mehr als drei Stunden in Wasser gekocht. Es zerfällt dabei in viele weiße Faser-Partikel, die benutzt werden, um Gerichte wie die berühmte Schwalbennest-Suppe zu machen.

Schwalben in ihren Nestern

Beutelmeisen aus Europa und Asien

Das Nest wird vom Männchen aus Spinnweben, Samenwolle und Pflanzenfasern gebaut.

Beutelmeisen

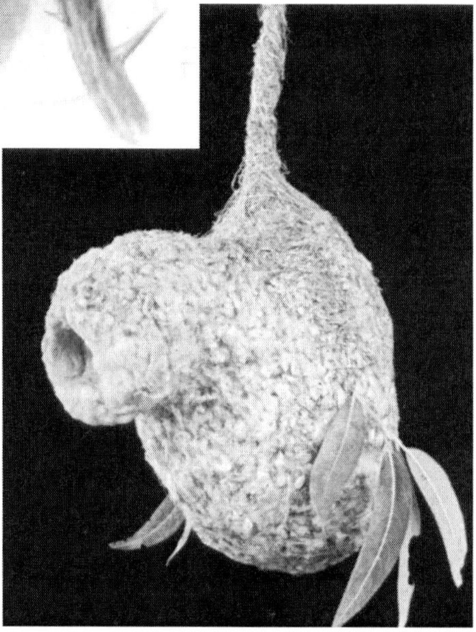

Wespen:

Ihr Nest wird aus gekautem Holz-Papier erstellt.

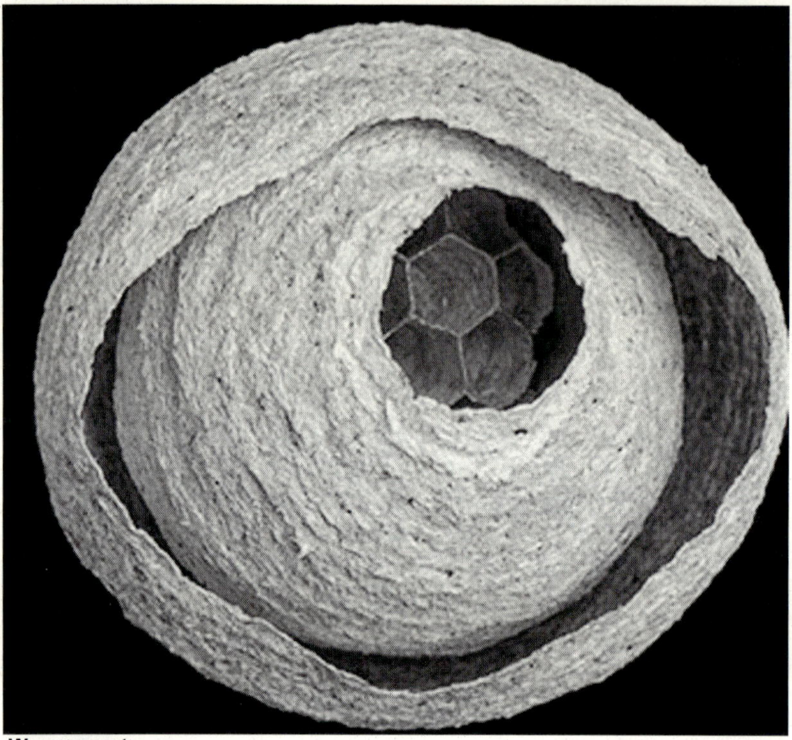

Wespennest

Biber aus Kanada, Staudamm- Ingenieure

Das Nagetier ist in der Lage, mit Zweigen der Bäume, die er selbst gefällt und zugeschnitten hat, eindrucksvolle Dämme zu bauen. Die daraus resultierenden Stauseen sind fantastische Biodiversität-Reserven.

Biberdamm

Biber

12.6. Tiere, die besten Meteorologen und Zeit-Ansager

Wir Menschen brauchen Geräte und lange Studien, um zu wissen, wie das Wetter wird und trotz dieser Helfer liegen wir oft daneben. Wir könnten aber von manchen Tieren viel lernen, die mehr über das Wetter und die Zeit wissen als wir.

Die Zugvögel können uns genau sagen, ob Winter, Herbst, Sommer oder Frühling zu Ende geht oder bald kommt.

Hier sind einige Beispiele guter Meteorologen:

Bienen können einen Sturm oder Regen bis wenige Minuten

vor der Ankunft vorhersagen. Sie entfernen sich dann nicht mehr weit von ihren Bienenstöcken.

Ein **Frosch**, der am Rand eines Teiches krächzt, sagt schönes Wetter voraus. In Afrika wird Frosch-Verhalten genutzt, um Trockenheit und Regenzeit vorauszusagen. Rainer Altenkamp vom Naturschutzbund (NABU) in Berlin erklärt dazu, dass Frösche wissen, wieviel Niederschlag die Saison bringen wird. In regenarmen Jahren legen sie weniger Eier – weil es dann zu wenig Wasser für alle Kaulquappen geben wird.

Schnecken und manche Würmer können auch heraufziehenden Regen vorhersagen. Kurz bevor es regnet, kommen sie aus ihrem Versteck, wo sie ihre Haut

vor Dehydratation (Austrocknung) schützen.

Schmetterlinge sind von schönem Wetter abhängig. Sie nutzen ihr internes Barometer, um zu entscheiden, wann sie aus dem Kokon schlüpfen.

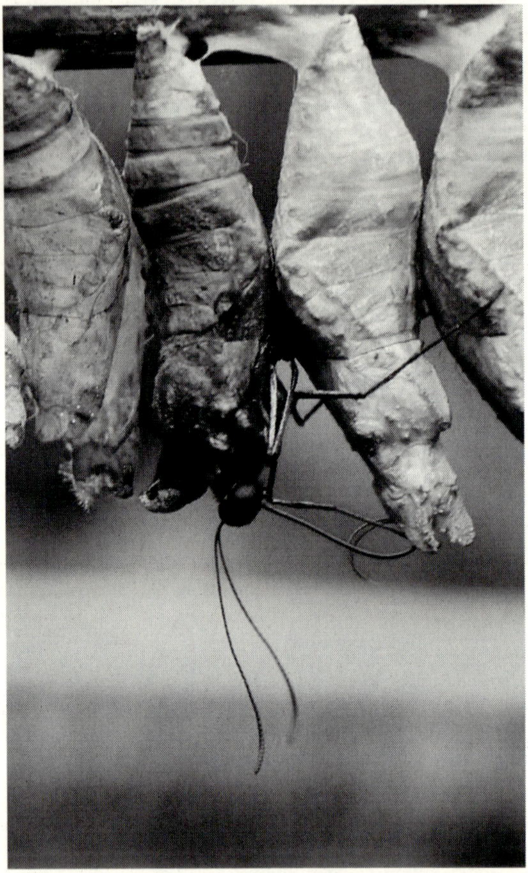

Die Farbe von **Schmetterlingen** soll auch etwas über das Wetter sagen. Wenn die ersten weiß sind, ist das ein Zeichen für ein eher trockenes Frühjahr. Wenn sie gelb sind, bedeutet es einen nassen Frühling.

Wenn die **Spinne** ihr Netz stärkt und die Wanten verkürzt, bedeutet das, dass sie glaubt, es wird bald regnen oder windig werden. Wenn die Spinne das Gegenteil macht, oder sich in die Mitte ihres Netzes setzt und auf Beute wartet, bedeutet das, es wird schönes Wetter geben bzw. es wird trocken bleiben. Geschieht dies bei Regen, wird er bald enden. Wenn der Wind noch weht und die Spinne aber beginnt, ihre Netze zu spannen, heißt es, dass der Wind bald die Richtung ändern wird.

Als ich klein war, waren die Wettervorhersagefähigkeiten der Spinnen ein Grund, warum wir sie nicht töten sollten.

Wenn **Zebras** bereits im Sommer ein dichtes Fell haben, dann wird es einen ungewöhnlich kalten Winter geben.

Kurz bevor es stark regnet, sehen wir auf einmal viele **Fliegen** im Haus.

Fliege

Die Ankunft des **Kuckucks** kündigt den Frühling und mildes Wetter an.

Die **Schwäne** kommen im Herbst aus dem Norden.

Ein später Durchzug von **Krähen und Schwalben** bedeutet, dass das Frühjahr spät kommt. Das Gegenteil bedeutet, dass das Frühjahr früh kommt.

Wenn **Spatzen** sich in Pfützen oder trockenem Staub baden, bedeutet das: schönes Wetter.

Mistkäfer zeigen sich nur bei schönem Wetter. Kurz vor einem Sturm verschwinden sie alle. „Das „Wetterfühlen" ist bei ihnen so stark ausgeprägt, dass das Nervensystem dieser Insekten sogar feinfühliger auf elektrische Feldstärken der

Atmosphäre (Blitze) reagiert, als ein Quecksilberbarometer auf den atmosphärischen Druck.

Mistkäfer

Die Ankunft von **Möwen** an Land deutet auf einen baldigen Sturm hin.

In Kamerun kräht der **Hahn** das erste Mal am Tag fast immer um 5 Uhr früh.

12.7. Tiere sind die besten Naturmediziner

Menschen können von Tieren lernen.

Tiere sind sehr gute Mediziner. Sie wissen genau, was sie brauchen, um eine Krankheit zu heilen, zu bekämpfen oder um gar nicht krank zu werden. Sie heilen sich selbst, sie behandeln sich selbst. Sie treffen Vorkehrungen. Sie können vieles allein behandeln, bis auf die Krankheiten, die durch Menschen entstanden sind, und die für sie deswegen neu sind.

Bei meiner rituellen Einweihung als Kind haben ich die Natur sehr intensiv beobachtet und ganz besonders die Tiere.

Viele Arzneien, die Naturmediziner als ihre Entdeckung benutzten, kommen ursprünglich von den Tieren. Wenn ein Tier zum Beispiel Durchfall hatte, haben wir es den ganzen Tag beobachtet und notiert, welche Pflanzen es fraß. Und erstaunlicherweise haben viele dieser Pflanzen auch uns bei Durchfall geholfen.

Auch einige bekannte Potenzmittel wurden durch die Beobachtung von Tieren gefunden. Schafe, Hunde oder Hähne fraßen diese besonderen Pflanzen vor oder nach der Paarung.

Es gab keinen Tierarzt bei uns im Dorf. Die Tiere waren manchmal krank und dann wieder gesund. Sogar schlimme Knochenbrüche haben sie ohne fremde Hilfe überstanden.

Einen Beruhigungstee, den ich damals trank, hatte meine Mutter von den Tieren. Am späten Nachmittag bzw. frühen Abend, immer gegen 17-18 Uhr, als die Tiere zurück in den Hof kamen, um sich bald für die Nacht fertig zu machen, fraßen sie eine bestimmte Pflanze hinter dem Haus, obwohl sie schon satt waren.

Ziege – Bild zu Illustration

Sie fraßen sie also nicht, weil sie Hunger hatten, es musste etwas anderes dahinterstecken. Es war ein Beruhigungs- und Entspannungsgras. Als wir das entdeckten, machte meine Mutter daraus Tee und wir tranken ihn abends, bevor wir ins Bett gingen und siehe da: wir schliefen ruhiger und länger.

Da wir sehr viele Tiere hatten, machten wir sehr hilfreiche Beobachtungen. Wir hatten scharfe Pfefferpflanzen, die manchmal bis zu einem Meter groß waren. Wenn die Hühner Grippe hatten, suchten sie Schutz unter diesen Bäumchen. Sie standen da stundenlang und fraßen ihre Blätter. Dann waren sie wieder gesund. So wussten wir, dass scharfe rote oder gelbe Pfeffer Medizin sind und Infektionskrankheiten heilen können.

So hat man in Afrika viele Arzneien gefunden, dank der Tiere. Hier einige Fälle, die Forscher beobachtet haben:

Waldelefanten fressen regelmäßig ein bestimmtes Tonmineral. Ähnlich wie eine Kohletablette, entzieht dieses sogenannte Kaolin dem Darm Wasser und bindet Giftstoffe.

Ein Elefantenweibchen wurde beobachtet, wie es vor der Geburt eine Pflanze suchte, die auch den dortigen Menschen als wehenfördernd bekannt ist.

Elefanten benutzen neben Ton auch Lehm, um ihren Darm zu reinigen.

Roter Stummelaffe

Die Roten Stummelaffen auf Sansibar nehmen zum gleichen Zweck sogar tatsächlich eine Art Kohletablette ein: Sie fressen Holzkohle von verbrannten Bäumen.

Gorillas fressen die Früchte wilden Ingwers, die wohl eine antibakterielle Wirkung haben.

Affen fressen Ton, um ihre Verdauungsprobleme zu heilen.

Orang-Utans zerkauen die Blätter von Tagblumen zu einer weißen Masse und salben sich damit den Körper ein, um Gelenkschmerzen zu lindern.

Schimpansen essen die mit den Astern verwandten Korbblütler der Gattung Aspilia und auch manche Schmetterlingsblütler, Eisenkrautgewächse oder Hibiskus-Arten, um Würmer und Parasiten auszuscheiden oder zu töten.

Schimpansen schlucken Erde von Termitenhügeln. Diese enthält antibiotische Stoffe, die Termiten produzieren, um ihren Bau zu desinfizieren.

Landschildkröten fressen kalziumhaltige Mineralien, damit ihr Panzer hart bleibt.

Pferde tauchen ihre Hufe in Schlamm aus Ton, wenn sie krank sind.

Wildschweine, Rehe, Hirsche tauchen in Tonaufschlämmung ein, wenn sie verletzt sind. Dieser Breiumschlag auf ihren Wunden reinigt und schützt ihre Wunden und beschleunigt die Heilung und Vernarbung.

Schwalben tun den Saft von Schöllkraut auf die noch geschlossenen Augen ihrer Jungen.

Ameisen und Bienen desinfizieren ihre Nester mit eigens gesammeltem Harz, um Bakterien und Pilze abzutöten.

Schmetterlingsraupen fressen gezielt Pflanzen mit giftigen Inhaltsstoffen, um Parasiten zu entfernen.

Fruchtfliegen schützen ihre Eier mit Alkohol vor Parasiten.

Vögel schützen ihre Nester mit bestimmten Pflanzen, die vor Blut saugenden Milben oder Läusen schützen.

Wölfe graben, wenn sie von Schlangen gebissen werden, aus der Erde die Wurzel des Schlangen-Knöterichs, auch Wiesen-Knöterich genannt, aus und fressen sie. Sie haben dann starken Durchfall, der das Gift austreibt.

Gämsen fressen, wenn sie von einer Schlange gebissen werden, die Pflanze Wolfsmilch, die wie ein starkes Abführmittel wirkt und somit wird das Gift ausgetrieben.

12.8. Tiere sind Top-Psychologen

Tiere sind wahre Psychologen. Sie können gut Menschen- und Tierverhalten ablesen und die Körpersprache, Gesichtsmimik, sogar Gedanken erkennen und vielleicht besser lesen und analysieren als wir Menschen. Sie erkennen und sondieren eine Situation genau.

Sie erkennen, wer sie mag und wer nicht. Sie spüren, ob die Umgebung positiv ist oder nicht. Sie spüren, ob einer vor ihnen Angst hat oder nicht.

Die Tiere helfen auch Menschen bei der Heilung von Krankheiten.

12.9. Affen erkennen und unterscheiden Mädchen- und Jungen-Spielzeug, genau wie Menschen

Auch Affen können "geschlechtstypisches" Spielzeug wählen, ohne dass man sie vorher darauf eingestimmt hat. Die Vorlieben der Affen deckten sich mit denen der Menschenkinder. Die Affen bekamen Spielzeuge, wie Autos, Bälle, Puppen, Kochtöpfe, Bilderbücher, Stofftiere. Erstaunlicherweise spielten männliche Affen ausschließlich mit typischem Jungenspielzeug und weibliche Affen interessierten sich nur für Puppen und Kochtöpfe. Das Experiment wurde durchgeführt von Gerianne Alexander von der A&M-Universität Texas und Melissa Hines von der Universität London, sowohl mit Affen in Gefangenschaft, als auch mit freilebenden Affen. Das Ergebnis war das gleiche. Bei geschlechtsneutralem Spielzeug wie Bilderbüchern oder Stofftieren gab es keinen Unterschied: Die Affen beider Geschlechter wollten damit spielen. Das Experiment zeigte somit, dass das, was ein Mädchen- oder ein Jungenspielzeug ausmacht, nicht unbedingt gesellschaftlich vorbestimmt ist. Nicht nur die Sozialisierung führt dazu, dass Jungen und Mädchen unterschiedliche Vorlieben bei Spielzeug haben. Vielmehr sorgt etwas Angeborenes dafür, dass Mädchen und Jungs von verschiedenem Spielzeug angezogen werden.

Affen mit Spielzeug

„Bestimmte Aspekte eines Spielzeugs, die die Geschlechter anders ansprechen, könnten mit traditionellen weiblichen und männlichen Funktionen zusammenhängen, die schon seit Urzeiten wichtig sind", vermutet Gerianne Alexander. So wird Spielzeug, das mit Bewegung und Rennen und Kampf zu tun hat, wie Autos oder Bälle, von Jungen und Männern bevorzugt, weil sie unbewusst die Mobilität fördern, die im späteren Leben nützlich sein kann für männertypische Verantwortung: Jagd, Futtersuche, die Familie schützen usw.

13. Kuriose Fortpflanzung der Tiere

Bettwanzen-Männchen stechen ein Loch in alle Artgenossen, die sie treffen. Egal ob männlich oder weiblich, egal wie alt die anderen Bettwanzen sind. So bringen sie ihre Samen direkt in den Leib der Weibchen ein.

Männliche Bettwanze bohrt ein Loch in eine andere Bettwanze © Rickard Ignell

Das australische Beutelmaus- Männchen macht es, bis es stirbt. Innerhalb von 12 Stunden begattet es bis zu 16 Weibchen. Nach nur zwei Wochen sind alle Männchen tot.

Blattläuse pflanzen sich nur einmal im Jahr fort. Und dabei geht es neben der Befruchtung auch um Sex für Bakterien. Die Weibchen lassen sich von den Männchen infizieren. Die Bakterien helfen den Insekten, Pflanzenmaterial zu verdauen, hohe Temperaturen besser zu vertragen und fremde Larven der Schlupfwespe abzutöten.

Ginge es nur darum, Babys zu kriegen, bräuchte das Weibchen keine Männchen. Sie klont sich lieber. Sie kann täglich bis zu zehn geklonte Blattläuse auf die Welt bringen. Deswegen vermehren sie sich so schnell und können sich fast jeder natürlichen Begebenheit und vielen Veränderungen (Pflanzengifte) schnellstens anpassen.

Weibliche Tiere der Pilzlederkoralle können ihr Geschlecht ändern, je nachdem wie die Umweltbedingungen sind. In schwierigen Zeiten ändern die Pilzlederkorallen ihr Geschlecht zum Männchen. In guten Zeiten wechseln einige Exemplare wieder ins weibliche Geschlecht, um die Art zu erhalten.

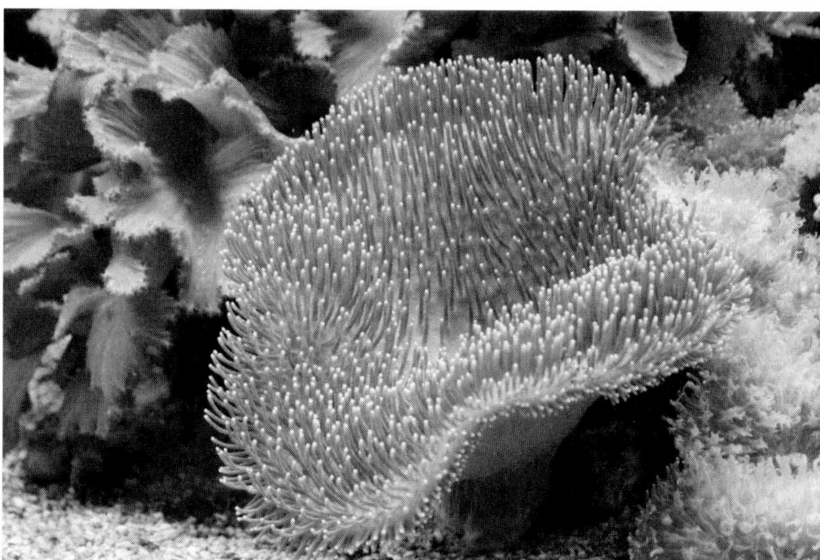

Pilzlederkoralle

Die Larven des Igelwurms können auch das tun, was die Pilzlederkorallen können. Sie setzen sich auf dem Meeresboden ab und entwickeln sich zu zehn Zentimeter langen Weibchen. Sinkt eine Larve allerdings auf ein Weibchen herunter, verwandelt sie sich in ein Männchen. Sie geht durch den Mund des Weibchens und lässt sich in dessen Uterus nieder. So braucht das Weibchen keinen Partner mehr für die Befruchtung.

Gottesanbeterin: Die Gottesanbeterin verspeist das Männchen nach der Paarung.

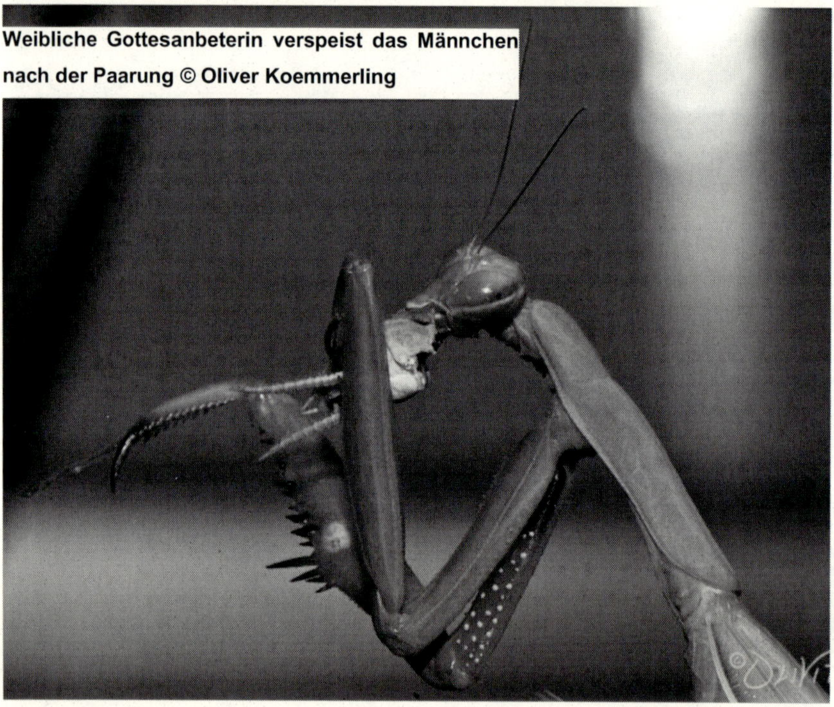

Weibliche Gottesanbeterin verspeist das Männchen nach der Paarung © Oliver Koemmerling

Gottesanbeterinnen bei der Paarung © Oliver Koemmerling

Spinnen: In der Paarungszeit muss das Männchen das Netz des Weibchens zum Vibrieren bringen. Nur so erkennt das Weibchen, was das Männchen will. Lehnt sie die Avancen des Spinnen-Männchens ab, wird er von ihr gefressen. Aber auch wenn sie seine Avancen akzeptiert, muss er aufpassen, nicht nach der Paarung trotzdem gefressen zu werden.

Ein Seidenspinnenweibchen frisst das Männchen © Kumon

13.1. Parthenogenese: Tiere, die sich selbst befruchten können

Normalerweise braucht man zur Befruchtung ein männliches und ein weibliches Wesen. Manche Tiere betreiben, wenn das andere Geschlecht nicht da ist, etwas, das man *Parthenogenese* nennt:

„Das ist eine Form der eingeschlechtlichen Fortpflanzung. Dabei entstehen die Nachkommen aus unbefruchteten Eizellen. Manche Tiere, meist weibliche, wie z. B. Blattläuse, Wasserflöhe, manche Fisch- und Eidechsenarten, Schnecken sowie die Blumentopfschlangen können sich eingeschlechtlich fortpflanzen."
(wikipedia.de)

Weibliche Komodowarane tun es. Sie bringen männliche Tiere zur Welt und pflanzen sich dann mir ihren neuen Artgenossen fort.

Truthahn-Weibchen, wenn kein Partner zur Befruchtung bereitsteht, tun sie es auch allein und bringen Truthahn-

Männchen auf die Welt, damit der natürliche Weg der Fortpflanzung weitergeht.

Bisher wurde Parthenogenese bei vielen Tierarten nachgewiesen, unter anderem bei:

- Fadenwürmern (Nematoda)
- Insekten: Rüsselkäfer, Gespenstschrecken, Kopfläuse, Große Sägeschrecke, Gallmücken
- Spinnen und einigen weiteren Spinnentieren, zum Beispiel Skorpione der Familie Buthidae
- Krebsen, insbesondere Cladocera, Daphnia, Marmorkrebs
- Schnecken, etwa Thiaridae (z. B. Melanoides tuberculata, Potamopyrgus antipodarum)
- Echsen, wie dem australischen Gecko, dem Komodowaran
- Vier Schlangenarten:
  Wassermokassinottern,
  Nordamerikanischen Kupferköpfen,
  im Regelfall bei den Blumentopfschlangen,
  im Ausnahmenfall bei dem Tigerpython

Blumentopfschlange © Hinrich Kaiser and Mark O'Shea

- Vier Hai-Arten: beim Weißgepunkteten Bambushai, beim Schaufelnasen-Hammerhai, beim Kleinen Schwarzspitzenhai und beim Kalifornischen Schwellhai

Schaufelnasen-Hammerhai © Mills Baker

Kleiner Schwarzspitzenhai © Albert Kok

Weißgepunkteter Bambushai © Patrick Doll

Kalifornischer Schwellhai © Rennett Stowe

13.2. Homosexualität bei Tieren

Auch wenn es sehr selten und eigentlich nur eine Ausnahme in der Natur ist, findet man dennoch Fälle von Homosexualität bei Tieren.

Schon vor 2300 Jahren beobachtete Aristoteles bei seiner Reise nach Afrika, wie sich in einer Gruppe Hyänen Männchen mit Männchen, aber auch Weibchen mit Weibchen vergnügten. Damals bewertete Aristoteles diese Handlung auch: Er schrieb, dass es sich bei dieser Tat um „eine weitere unter vielen anderen Abscheulichkeiten dieses ekelhaften Tiers" handelte, was den Ruf der Hyäne ruinierte.

Pinguine:

Bei Pinguinen wurde beobachtet, dass Männchen untereinander monogame Beziehungen eingehen.

Königspinguine © Lieutenant Philip Hall, NOAA Corps

Affen: Die Bonobo-Männchen haben enge Beziehung, nicht nur mit Weibchen, sondern auch untereinander.

Bonobo

Auch bei **Elefanten** wurde Bindungen unter Bullen beobachtet.

Weibliche Koalas besteigen andere Weibchen und zeigen dabei durch Laute ihre Lust.

14. Die längste Schwangerschaft

Die längste Schwangerschaft ist ohne Frage die der **asiatischen Elefantenkuh**. Durchschnittlich dauert die Tragezeit bei ihr ca. 650 Tage also über 21 Monate. Manchmal trägt sie bis zu 760 Tage, das sind über zwei Jahre.

Asiatische Elefantenkuh mit ihrem 1 Tag alten Jungtier © Fabien Bastide

15. Erstaunliche sportliche Leistungen

Ein kleiner und kurzer Vergleich zwischen menschlichen und tierischen sportlichen Leistungen.

Sprintweltmeister Usain Bolt hätte über 100 m gerade einmal ein Drittel der Distanz geschafft, wenn ein **Gepard** bereits ins Ziel käme. Keine Chance bei knapp zehn Sekunden auf 100 m gegen etwa drei Sekunden!

Gepard © Gregory Wilson, Still aus dem Video "Cheetahs on the Edge"

Die 44 km/h des Sprinters stehen einer Endgeschwindigkeit von bis zu 120 km/h des Geparden gegenüber. Wie gut für unsere hochdotierten Sprinter, dass auch Windhunde, Gabelböcke, Riesenkängurus und viele andere bei den Wettkämpfen der Menschen nicht starten dürfen. Selbst das schwergewichtige Flusspferd würde mit 48 km/h vor ihnen durchs Ziel stapfen (mehr dazu siehe unten).

Den **Weltrekord über 10.000 m** hält der Äthiopier Kenenisa Bekele mit 26:17,53 Minuten. Der schon bei den Sprintern „erfolgreiche" **Gabelbock** würde dafür nur 12:30 Minuten benötigen.

Gabelbock

Die besten Marathonläufer sind auf ihrer Spezialstrecke gut zwei Stunden unterwegs. Ein **Onager**, ein asiatischer Wildesel, schafft die 42-km-Distanz in nur 45 Minuten.

Onager

Der **Kulan**, ein Halbesel Mittelasiens, ist der Dauerläufer schlechthin. 70 km/h hält er mindestens fünf Kilometer lang durch. Bei Distanzen um die 40 Kilometer kann er immer noch 50 „Sachen" schnell sein.

Ein **Gorilla** auf der **Gewichtheberbühne** würde unter den urigen Schwerathleten vielleicht nicht sonderlich auffallen. Wären da nicht sagenhafte 900 kg, die er ohne Aufbautraining, sogar ohne Anabolika, zu heben vermag. Die 260 kg, die unsere besten Schwergewichtler zur Hochstrecke bringen, lassen den Ruhmesglanz der Stärksten etwas verblassen.

Gorilla © Raul654

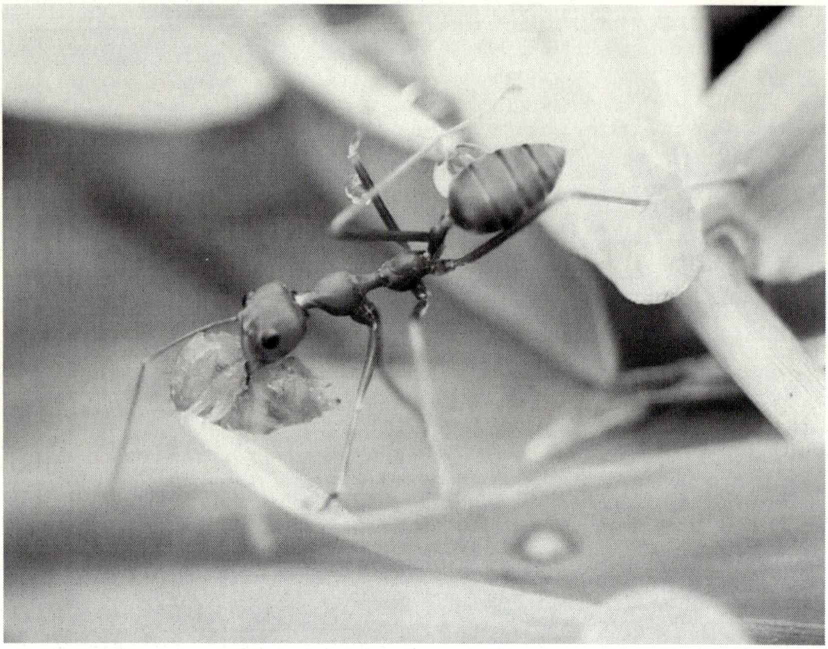
Weberameise

Setzt man die **Hebeleistung** in Vergleich zur eigenen Körpermasse, wäre die afrikanische **Weberameise** unangefochtener Weltmeister. Man sah das nur 2 mg wiegende Tierchen einen toten Vogel von 7 g fortziehen. Für den Menschen würde das bedeuten, 200 PKW mit seiner Muskelkraft von der Stelle zu bewegen.

Ziemlich nahe kommen Spitzensportler den tierischen Konkurrenten im **Weitsprung**. Der derzeitige Weltrekord im Weitsprung liegt bei 8,95 m, der vom **Schneeleopard** mit 14m locker getoppt wird. Der **Rothirsch** springt 11 m weit, was etwa dem 4,5fachen seiner Körperlänge entspricht.

Schneeleopard © Bernard Landgraf

Beim Vergleich der Sprungweite zur Körperlänge kommt der **Floh** auf ganz erstaunliche Leistungen. Auch wenn er „nur" etwa 60 cm springt, entspricht es dem 200fachen seiner Körperlänge.

Der **Springfrosch** mit seinen 2 m weiten Sprüngen schafft immerhin noch das 33fache seiner Körperlänge. Im Vergleich schafft es der menschliche Weltrekordler, das etwa 5fache seiner Körperlänge zu springen.

Springfrosch

Im **Hochsprung** zeigt sich ein ähnliches Bild. Die menschlichen 2,45 m stehen den 5,50 m gegenüber, die der **Puma** in die Höhe schnellt. Der Mensch benötigt für höhere Höhen die Hilfe eines Stabes.

Puma © Justin Shoemaker

Wenn Australiens neuer **Superschwimmer** Ian Thorpe bei den letzten Weltmeisterschaften Goldmedaillen en gros abräumte, so war das nur unter seinesgleichen möglich. Auf 6 bis 7 km/h bringen es die Topstars im Becken. Der **Blaue Marlin** schafft 120 km/h, **Delfine** 100 km/h und sogar der **Eisbär** immerhin 10 km/h.

(Quelle: Dankend von www.mark-ariu.de/rekorde-in-der-tierwelt)

Blauer Marlin © National Oceanic and Atmospheric Administration

Eisbär

15.1. Welches sind die schnellsten Tiere?

Das schnellste Tier überhaupt, die Nummer 1, ist der Wanderfalke, ein Raubvogel. Er ist das schnellste Lebewesen der Erde: Bei seinen Sturzflügen erreicht er Spitzengeschwindigkeiten von bis zu 340 Kilometer pro Stunde.

Wanderfalke

15.1.1. Die schnellsten Säugetiere

Das schnellste Landsäugetier auf kurze Distanzen ist der **Gepard**. Er erreicht im Spurt bis zu 120 km/h. Diese Geschwindigkeit kann er aber nicht lange halten. Nach einem Sprint muss er sich 30 Minuten ausruhen. Gemessen wurde diese Geschwindigkeit auf einer Hunderennbahn. Ein weiterer sehr schneller Sprinter ist der **Windhund** mit 110 km/h. Im Vergleich: Ein Mensch sprintet beim 100-Meter-Lauf etwa 44 km/h.

Gepard

Das schnellste Landsäugetier auf langen Strecken ist der **Gabelbock**. Er kann auch auf längere Distanzen bis zu 92 km/h laufen. Ein 2 Tage alter Gabelbock ist schneller als ein menschlicher Sprinter, ein 4 Tage alter Gabelbock ist schneller als ein Pferd.

Gabelbock

Das schnellste schwimmende Säugetier ist der **Delfin**, er schwimmt bis zu 100 km/h schnell. Im Vergleich: Schwimmrekord Mensch (Ian Thorpe) 6 bis 7 km/h, Eisbär bis 10km/h.

Delfin

15.1.2. Die schnellsten Vögel

Der schnellste Laufvogel ist der **Strauß** mit bis zu 72 km/h. Seine Füße haben nur zwei Zehen und er hat sehr kräftige Beine.

Afrikanischer Strauß © Stig Nygaard

Der schnellste „normale" Vogel ist der **Wanderfalke**, der im Sturzflug bis zu 360 km/h schnell fliegt. Neueste Versuche haben einen Rekord von 389 km/h gemessen. Ein weiterer schneller Flieger ist der **Stachelschwanzsegler**. Bei ihm wurden im Sturzflug Geschwindigkeiten von bis zu 335 km/h gemessen.

Wanderfalke © Mike Baird

Der schnellste schwimmende Vogel ist der **Eselspinguin** mit 27 km/h. (nach anderen Quellen schafft er sogar bis zu 36 km/h).

Eselspinguin

Im Horizontalflug ist der **Mauersegler** der Rekordhalter mit bis zu 200 km/h. Bei der Hallermeise wurden auch schon 209,4 km/h gemessen, doch konnte die Messung nicht bestätigt werden.

Mauersegler beim Flugmanöver © Klaus Roggel

15.1.3. Die schnellsten Reptilien

Das schnellste Reptil ist die **Rennechse** mit bis zu 29 km/h.

Rennechse © Diver Dave

Die schnellste Schlange ist die **Schwarze Mamba** (24 km/h). Du müsstest sprinten wie ein Hundertmeterläufer, um ihr bei so einem Tempo zu entkommen.

Das schnellste Reptil im Wasser ist die **Lederschildkröte** mit 35 km/h.

Lederschildkröte im Meeresmuseum von Stralsund © Klugschnacker

15.1.4. Die schnellsten Insekten

Schnellstes fliegendes Insekt ist die **Libelle**, die bis zu 58 km/h schnell fliegen kann.

Libelle © Fir0002 / Flagstaffotos

Schnellstes krabbelndes Insekt: Das schnellste Insekt am Boden ist die **Kakerlake**, die sich mit 5,4 km/h fortbewegen kann.

Schnellstes hüpfendes Insekt: Das schnellste Insekt im Sprung **Speedusmorzella**, die bis zu 30 m weit springen kann und damit eine Endgeschwindigkeit von bis zu 62 km/h erreicht.

15.1.5. Die schnellsten Fische

Der schnellste Fisch ist der **Blaue Marlin** mit 120 km/h, dicht gefolgt vom **Fächerfisch** bzw. **Segelfisch** mit 111 km/h.

Im Vergleich: Schwimmrekord Mensch (Ian Thorpe): 6 bis 7 km/h.

(Dankend von www. mark-ariu.de/rekorde-in-der-tierwelt)

Fächerfisch © Citron

Blauer Marlin

15.1.6. Liste der schnellsten Landtiere

Tier	Art	Höchste Geschwindigkeit
Nr.1: Gepard	Raubtier	120 km/h
Windhund	Raubtier	110 km/h
Thomson-Gazelle	Huftier	100 km/h
Springbock	Huftier	90 km/h
Hirschziegen-antilope	Huftier	80 km/h
Gnu	Huftier	80 km/h
Afrikanischer Wildhund	Raubtier	77 km/h
Kojote	Raubtier	75 km/h
Känguru	Diprotodontia	70 km/h
Elch	Huftier	60 km/h

Löwe	Raubtier	60 km/h
Nashorn	Huftier	50 km/h
Eisbär	Raubtier	40 km/h
Afrikanischer Elefant	Rüsseltier	40 km/h
Flusspferd	Huftier	40 km/h
Sandlaufkäfer	Käfer	9 km/h
Kakerlake	Insekt	5,4 km/h

Nilpferd

15.2. Marathon-Experten unter den Tieren

Manche Tiere sind hervorragende Marathonläufer, Menschen sind auf ihrer Spezialstrecke gut zwei Stunden unterwegs.

Onager, ein asiatischer Wildesel, schafft die 42-km-Distanz in nur 45 Minuten.

Onager

Der Kulan, ein Halbesel Mittelasiens, ist der Dauerläufer schlechthin. 70 km/h hält er mindestens fünf Kilometer lang durch. Bei Distanzen um die 40 Kilometer kann er immer noch 50 km/h schnell sein.

Kulan © S Ballal

Die indische Libelle ist die „Marathonläuferin“ unter den Insekten, sie fliegt von Südindien nach Ostafrika - das sind bis zu 18.000 Kilometer pro Jahr.

Indische Libelle

Schlittenhunde mit optimaler Veranlagung und optimalem Training können in 24 Stunden einen Schlitten über 200 km weit ziehen.

Schlittenhunde

Pferde sind dem Menschen auf Langstrecke deutlich überlegen. Sie schaffen ca. 24 km/h, sie können mit 3-4 kurzen Pausen lange Strecken zurücklegen.

Wildpferde

15.3. Die besten Springer

15.3.1. Die besten Hochspringer

Der Klippspringer, der elegante „Balletttänzer“, ist eine Antilope, die im Süden Afrikas lebt und bis zu acht Meter hoch in die Luft springen kann. Er braucht nicht viel Platz dafür. Er kann auf Felsen landen, die nicht größer sind als 3 cm^3. Der Klippspringer ist die einzige Antilope, die sich auf den Hufspitzen fortbewegt.

Klippspringer © Frank Vassen

Der Delfin springt bis zu 7 m hoch. Dies gelingt ihm, weil er im Wasser einen langen Anlauf nehmen kann. Er ist der Rekordhalter unter den Wassertieren.

Der Puma kann bis zu 6 m hoch springen. Keine Katze springt höher als ein Puma.

Das Graue Riesenkänguru aus Australien kann bis zu 3 Meter hoch springen.

Graues Riesenkänguru © PanBK

Der Feldhase: Der fellige Flitzer kann aus dem Stand bis zu zwei Meter hoch springen und kann außerdem gut schwimmen.

Feldhase

Die Wiesenschaumzikade (Insekt) ist 6 mm lang und springt 0,6 m hoch.

Im Vergleich: Der Weltrekord eines menschlichen Hochspringers liegt zurzeit bei 2,45 m. (Der Mensch benötigt für höhere Höhen die Hilfe eines Stabes.)

Wiesenschaumzikade © Elke Freese

Der Floh springt im Verhältnis zu seiner Körpergroße am höchsten. Flöhe können das 350fache ihrer eigenen Körpergröße hoch springen.

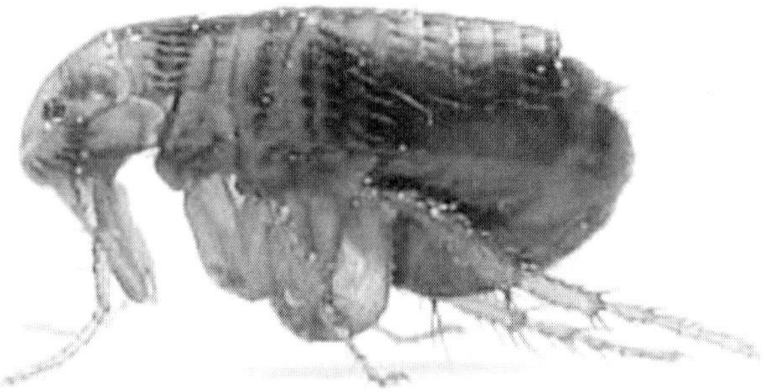

Floh

15.3.2. Tiere, die am weitesten springen

Der Schneeleopard aus Zentralasien kann bis zu 15 Meter weit springen. Dabei nutzt er seinen langen Schwanz im Sprung als eine Art Steuerruder.

Das Graue Riesenkänguru aus Australien kann dank seiner starken Hinterbeine mit elastischen Muskeln bis zu 13,5 Meter hinlegen. Sein Schwanz hilft ihm, das Gleichgewicht nicht zu verlieren.

Der Rothirsch springt 11 m weit, was etwa dem 4,5fachen seiner Körperlänge entspricht.

Die Schmuckbaumnatter, eine Schlange aus den tropischen Regenwäldern von Süd- und Südostasien, kann bis zu 10 Meter weit springen (es sieht aus als würde sie fliegen).

Das schnellste Insekt im Sprung ist die **Speedusmorzella,** die bis zu 30 m weit springen kann und damit eine Endgeschwindigkeit von bis zu 62 km/h erreicht.

Die Impala, eine Gattung mittelgroßer afrikanischer Antilopen, schaffen bis zu 9 Meter.

Impala © Kyle Meerholz

Die besten Weitspringer (Sprungweite im Vergleich zur Körperlänge):

Dankend von http://mark-ariu.de/rekorde-in-der-tierwelt

- Der **Floh** springt in etwa 0,6 m und überspringt somit das 200fache seiner eigenen Körperlänge.
- **Springfrosch** springt 2,00 m; 33fache Körperlänge. Frösche schließen beim Springen immer die Augen.
- **Heuschrecke**: 2,00 m; 30fache Körperlänge.
- **Schneeleopard**: 16 m
- **Rothirsch**: 11 m; 4,5fache Körperlänge

Im Vergleich: Der Weltrekord der Menschen im Weitsprung beträgt 8,95 m, etwa das 5fache seiner Körperlänge.

Heuschrecke

15.4. Gewichtheben: Die stärksten Tiere der Welt

Der Gorilla: Der muskulöse Primat kann über 2.000 Kilogramm stemmen, was dem Zehnfachen seines eigenen Gewichts entspricht.

Der Afrikanische Elefant: Er kann bis zu 6.500 Kilo wiegen und ein 9.000 Kilogramm schweres Gewicht bewegen. Fast 4,5mal mehr als ein Gorilla!

Der Ochse stemmt ohne Probleme 900 Kilo.

Die Anakonda kann ohne Probleme große Tiere bis 250 Kilo erwürgen.

Der Adler: Das stärkste Tier in der Luft ist die **Harpyie**. Die auch als **Affenadler** bekannten Vögel können bis zu 9 Kilogramm schwere Beutetiere schlagen und transportieren.

Harpyie © Mdf

Starkes Reptil: Ein **Nil-Krokodil** kann ein Zebra (250 Kilogramm) unter Wasser ziehen und mehrfach um die eigene Achse drehen.

Stärkster Fisch: Der **Weiße Hai**. Seine Beißkraft stellt mit bis zu drei Tonnen eine beeindruckende Größe dar.

Weißer Hai © Sharkdiver.com

15.4.1. Wer ist das stärkste Tier der Welt gemessen an der Körpergröße: Der Elefant oder ein Käfer?

Viele Menschen werden glauben, dass der Löwe, der Elefant oder ein Gorilla das stärkste Tier der Welt ist. Aber das ist nicht so, wenn man die Kraft, die Tiere aufbringen können, in Relation zu ihrer Körpergröße bringt.

Das stärkste bisher bekannte Tier ist nicht etwa der Elefant, nicht der Gorilla, sondern **eine Hornmilbe,** auch Moos-, Kä-

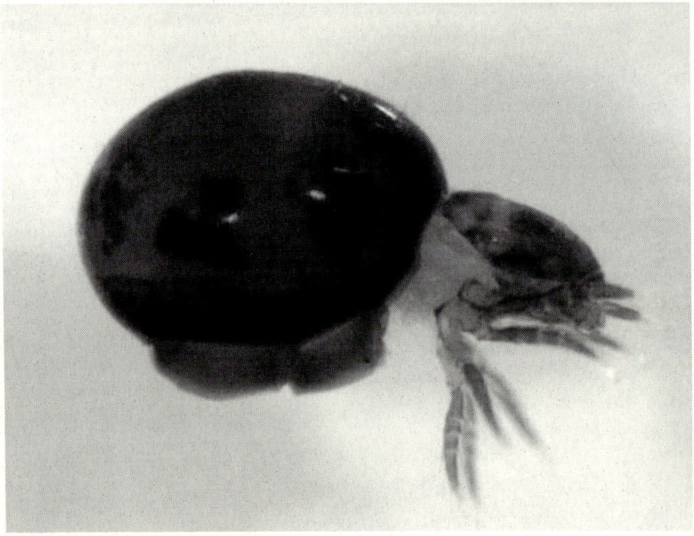

Hornmilbe © S.E. Thorpe

fer- oder Panzermilbe genannt.

Das Tier misst nur knapp einen Millimeter, wiegt nur ein zehntausendstel Gramm, kann aber das 1200fache seines eigenen Körpergewichts halten. Die in den Tropen verbreitete Hornmilbe (Archegozetes longisetosus) lebt im Boden von verfaulenden Organismen.

Stärkster Käfer: Nashornkäfer. Er trägt Lasten, die 850-mal schwerer sind, als er selbst und ist somit im Verhältnis zu seinem Körper stärker als Gorilla und Elefant.

Nashornkäfer © Bojars

Ameisen können Dinge bis zum 50fachen ihres eigenen Körpergewichtes tragen, manche, wie die afrikanische Weberameise, mehr als das 300fache. Man sah das nur 2 mg wiegende Tierchen einen toten Vogel von 7 g bewegen. Ein

Ameise

Mensch müsste im Vergleich über 200 PKW bewegen, um das zu leisten, was eine kleine Ameise schafft.

15.5. Die besten Tiere im Wasser

Nicht nur Fische und Meerestiere können schwimmen oder tauchen und Rekorde brechen. Auch Landtiere und Vögel können es und sogar sehr gut. Zum Beispiel können **Ratten** acht Tage lang ohne Pause schwimmen, oder **Schildkröten** 100 Tage unter Wasser bleiben, oder **Eselspinguine** bis zu 27 km/h schnell im Wasser schwimmen.

.

15.5.1. Tieftauchen: Die besten Taucher

Säugetier: Der Pottwal taucht 3.000 m tief und kann bis zu 1 Stunde unter Wasser bleiben. Kein Tier, das Luft zum Atmen braucht, taucht tiefer als der Pottwal. In der Tiefe jagt er Tintenfische und Kalmare. Man kann ihr Luftholen noch in einem Kilometer Entfernung hören, wenn sie wieder aufgetaucht sind.

Eine Mutter Pottwal und ihr Kalb © Gabriel Barathieu via Wikimedia Commons

Reptil: Die Lederschildkröte taucht bis zu 1.200 m tief.

Fisch: Tiefseefische wie der Barten-Drachenfisch können bis zu 8.300 m tief tauchen. Tintenfische 7.000 m, Krebstiere bis zu 5.500 m.

Barten-Drachenfisch © Edith Widder/HBOI

Ein **Krokodil** kann bis zu 2 Stunden lang tauchen.

Die Antarktischen Seeelefanten tauchen bis zu 1.800 Meter tief und können zwei Stunden lang die Luft anhalten.

Seeelefant © Mike Baird

Vögel: Der Kaiserpinguin kann bis zu 534 m tief tauchen. Die Dickschnabellumme (ein Alkenvogel) taucht bis zu 210 m tief.

Im Vergleich: Der beste Taucher ist Umberto Pelizzari. Er tauchte 1999 aus eigener Kraft 80 m tief. Sein einziges Hilfsmittel waren Schwimmflossen.

15.5.2. Tiere, die am schnellsten schwimmen

Der schnellste Fisch ist der **Blaue Marlin** mit 120 km/h, dicht gefolgt vom **Fächerfisch** bzw. Segelfisch, der kann bis zu 111 km/h schnell sein.

Das schnellste schwimmende Säugetier ist der **Delfin**. Er schwimmt bis zu 100 km/h schnell. **Der Eselspinguin** ist der schnellste schwimmende Vogel und kann bis 27 km/h (manche Quellen sprechen von 36 km/h) schnell werden.

Der Eisbär schafft immerhin 10 km/h.

Rekordhalter bei **Menschen**: Auf 6 bis 7 km/h bringen es die Topstars im Becken.

Eselspinguin © Stan Shebs

15.5.3. Welche Tiere halten am längsten unter Wasser die Luft an?

Auch hier erleben wir Überraschungen: Wer glaubt, dass nur Wassertiere das können, täuscht sich gewaltig, wie die Liste beweist. Auch Reptilien oder Vögel schaffen erstaunliche Zeiten.

Die Moschusschildkröte kann bis zu 100 Tage ohne Luft im Wasser leben.

Manche **Seeschlangen** können bis zu 8 Stunden unter Wasser bleiben.

Der Cuvier-Schnabelwal kann über 2 Stunden im Wasser bleiben, ohne Luft zu holen. Ausgewachsen kann er bis zu sieben Meter groß und bis zu drei Tonnen schwer werden.

Der Pottwal kann bis zu 2 Stunden unter Wasser bleiben.

Antarktische Seeelefanten ebenfalls bis zu 2 Stunden.

Auch manche **Alligatoren** können bis zu 2 Stunden unter Wasser sein.

Biber können 45 Minuten die Luft anhalten.

Salzwasserkrokodile können bis zu 1 Stunde unter Wasser bleiben.

Meeresechsen 30 Minuten.

Kaiserpinguine 18 Minuten.

Enten 15 Minuten.

Der Rekord des **Menschen** liegt bei 11 Minuten.

15.6. Wie atmen Tiere unter Wasser?

Um zu leben, brauchen wir alle Sauerstoff. An Land und in der Luft ist das recht einfach. Aber wie machen das die Tiere, die im Wasser leben? Sie haben sich ihren Weg gesucht und sich auf verschiedene Arten angepasst.

Schnorcheln

Manche Tiere hängen an einem Oberflächenhäutchen und können so einfach Sauerstoff aus der Luft aufnehmen.

Auftauchen

Manche Tiere tauchen, müssen aber regelmäßig an die Wasseroberfläche zurück, um Luft zu atmen. Sie sind Lungenatmer wie die Menschen.

Über **Kiemen**

Viele Tiere, wie Fische, atmen über Kiemen, die man seitlich am Kopf eines Fisches erkennen kann. Wenn die Fische Wasser in ihr Maul einströmen lassen, bleiben die Kiemendeckel geschlossen und so wird der im Wasser gelöste Sauerstoff entnommen. Wenn die Fische ihren Mund wieder schließen, öffnen sich die Kiemendeckel, so dass das Wasser wieder über die Kiemen ausströmen kann, so wird das Kohlenstoffdioxid mit dem ausströmenden Wasser abgegeben.

Hautatmung

Manche Tiere (vor allem Amphibien, Würmern) atmen über die Haut. Ihre Haut ist sehr dünn und muss feucht bleiben. Trocknet die Haut aus, ersticken sie. Über die Haut wird der Sauerstoff aufgenommen und über feine Äderchen im Körper verteilt und über die Haut geht auch das Kohlendioxid wieder raus. Dieser Vorgang wird *Diffusion* genannt. Amphibien, Schlangen und Fische können über die Haut atmen.

Amerikanischer Ochsenfrosch, atmet zu 80% über die Haut

15.6.1. Fische

Fische atmen über ihre Kiemen.

Clownfische © FireFly5

15.6.2. Meeressäugetiere

Als Lungentiere müssen Meeressäugetiere öfter an die Oberfläche gehen, um den Sauerstoff zu suchen, wie zum Beispiel Seekühe, Robben, Wale, Delfine und Seeotter.

Wale brauchen, wegen ihrer Nasenlöcher auf der Kopfoberseite, nicht vollständig aufzutauchen, um Luft einzuatmen. Mit jedem Atemzug können sie ihre Lunge bis zu 90% mit Sauerstoff befüllen und können dann lange ohne Luft im Wasser bleiben.

Blaslöcher des Blauwals © TBjornstad

15.6.3. Amphibien

Amphibien wie Frösche sind Lungenatmer, aber sie können auch im Wasser über ihre Haut atmen.

Frosch

Schwarzer Salamander

15.6.4. Insekten

Viele besitzen Tracheen und müssen an die Wasseroberfläche, um Luft zu atmen. Manchen Insekten nutzen den im Wasser gelösten Sauerstoff. Aber irgendwann müssen sie trotzdem an die Oberfläche. Viele kleine Insekten atmen nur durch die Körperoberfläche.

Stechmückenlarven schnorcheln. Andere, wie die Wasserspinnen, lassen kleine Luftbläschen in den feinen Haaren am Hinterleib „kleben“ und nehmen sie so mit nach unten ins Wasser.

Schnorchelnde Stechmückenlarven © James Gathany, CDC

15.6.5. Reptilien

Als Lungentiere müssen Reptilien immer wieder an die Wasseroberfläche, um Luft zu atmen. Viele **Schildkröten** atmen im Wasser über die Kloake (Köperausgang). Manche Schildkröten, wie die **Moschusschildkröte**, können bis zu 100 Tage unter Wasser bleiben, ohne einmal an die Oberfläche zu gehen, um Luft zu holen. Sie können das vermutlich wegen eines speziellen Organs in ihrem Rachen.

Moschusschildkröte © Dawson

Krokodile atmen über ihre Nasenlöcher, die sie aus dem Wasser halten.

Schlangen haben auch keine Kiemen, sondern eine sehr lange Lunge, die bis zum Schwanzende reicht. Sie müssen nach einiger Zeit an die Wasseroberfläche gehen. Ihre Nasenöffnungen sitzen auf der Kopfoberseite, um die Atmung im Wasser zu erleichtern und sie können durch eine Klappe verschlossen werden.

Es wird aber vermutet, dass manche Schlangen auch über die Haut oder über die Mundschleimhäute Sauerstoff aus dem Wasser entnehmen können. Diese Vermutung basiert auf der Erkenntnis, dass manche Schlangen bis zu 8 Stunden unter Wasser bleiben können.

16. Sonstige Rekorde in der Tierwelt

Von mark-ariu.de/rekorde-in-der-tierwelt

- **Die Tiere mit dem größten Fortpflanzungsorgan**

  Platz eins hat der **Blauwal**. Sein Organ kann bis zu drei Meter lang sein und hat einen Durchmesser von dreißig Zentimetern.

  An Land ist der **Afrikanische Elefant** spitze: Im erregten Zustand ist sein Organ ca. 1,80 Meter lang.

  Im Vergleich zur eigenen Körpergröße hat die **Entenmuschel** das längste Organ: es ist 5-mal so groß wie sie selbst.

- **Die extremste Hitze**

  Die Oryx-Antilope kann stundenlang in der prallen Wüstensonne stehen. Ihr Körper erhitzt sich auf 43 Grad. Kein Säugetier erträgt eine höhere Körpertemperatur. Ein Mensch wäre bei dieser Temperatur schon gestorben.

Oryx-Antilope

- **Das dichteste Fell**

  Der Seeotter hat das dichteste Fell aller Tiere. Bis zu 120.000 Haare drängen sich auf einem Quadratzentimeter. Auf dem Kopf eines Menschen sind es dagegen nur 300 Haare pro Quadratzentimeter.

- **Die längsten Fellhaare**

  Moschusochsen haben die längsten Fellhaare aller Tiere. Sie werden bis zu 90 cm lang. Die Haare des Menschen können allerdings noch länger werden.

- **Den größten Hunger**

  Den größten Hunger im Tierreich hat die Spitzmaus. Sie verzehrt Essen in der Menge ihres eigenen Körpergewichts pro Tag. Sie muss 22 Stunden am Tag essen, sonst stirbt sie an Nahrungsmangel.

Spitzmaus

- **Die genauste innere Uhr**

  Der Zaunkönig singt auf die Minute genau jeden Tag zur selben Zeit und ist damit die genauste Uhr im Tierreich.
- **Die beste Nase** im Tierreich hat der Aal.
- **Die meisten Zähne** im Tierreich hat eine Schnecke. Im Durchschnitt hat sie 25.000 Zähne auf der Zunge.
- **Das größte Auge** hat der Riesenkalmar mit 0,38 m Durchmesser.

- **Das scheueste Säugetier** ist der Schneeleopard.
- **Das am besten isolierende Fell**

  Der Polarfuchs hat das am besten isolierende Fell aller Landsäugetiere.

Polarfuchs

- **Das beste Gehör** im Tierreich hat die Fledermaus.
- **Den größten Wachstumsfaktor** im Tierreich hat das Känguru. Es ist bei der Geburt nur 2 cm groß und 1 Gramm schwer. Es wächst um das 60.000fache.
- **Das größte Ei** legt der Strauß. 18 cm lang, 14 cm breit und 1,7 kg schwer (so viel wie 20 Hühnereier).

- **Die meisten Nachkommen**
  Die Stubenfliege setzt bis zu 5,6 Mrd. (5.600.000.000) Nachkommen in die Welt.
- **Die meisten Augen**
  Die Libelle hat mit 40.000 Segmenten die meisten Einzelaugen.

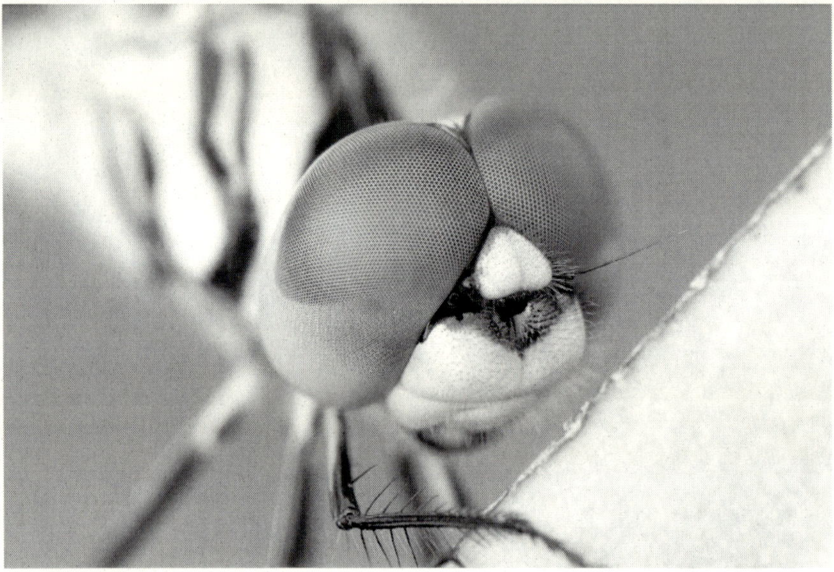
Libellenaugen

- **Der beste Wetterprophet** ist das Eichhörnchen. Es wird schon 10 Stunden vor einem Gewitter unruhig und befindet sich bereits 3 Stunden vor dem Gewitter in seinem Bau und stopft die Löcher.

- **Die höchste Dosis Schlangengift** unter den Säugetieren verträgt der Mungo. Mit nur 5 kg Körpergewicht verträgt er das Vierfache an Schlangengift im Vergleich zu einem Menschen.

Mungos

- **Das Schwein** ist das einzige Tier, das Sonnenbrand bekommt.
- **Zugkraft**

  An einen 1×1×1cm großen Muskel einer Muschel könnte man ca. 1,5 Millionen Tonnen hängen.

17. Lösung des Quiz: Wahr oder falsch?

Bei den Seepferdchen bekommen die Männchen die Kinder.

<u>Wahr:</u> Die Weibchen spritzen den Männchen die Eier in die Bauchtasche, wo sie dort vom Männchen befruchtet werden. Nach zehn bis zwölf Tagen ist es soweit, und die Männchen gebären dann die kleinen Baby-Fische.

Seepferdchen

Delfine machen nie beide Augen zu, wenn sie schlafen.

Wahr: Delfine halten auch während des Schlafens immer ein Auge offen, so dass sie herannahende Feinde erkennen können.

Kein Tier kann rückwärts fliegen.

Falsch: Hummeln sind die einzigen Insekten, die rückwärts fliegen können und der Kolibri kann auch rückwärts fliegen.

Kolibri

Schildkröten können monatelang im Wasser bleiben ohne Luft einzuatmen.

__Wahr__: Die Moschusschildkröte kann ohne Luft bis zu 100 Tagen im Wasser leben.

Die Zunge einer Giraffe ist so lang, dass sie sich damit ihre Ohren putzen kann.

__Wahr__: Giraffen haben eine bis zu 45 cm lange, muskulöse und bewegliche Zunge, so nutzt die Giraffe ihre Zunge nicht nur, um Blättern zu umschlingen, sondern auch dazu, ihre Ohren zu reinigen.

Säugetiere legen keine Eier, denn sie gebären.

__Falsch__: Das Schnabeltier und der australische Kurzschnabel-igel sind Säugetiere, die auch Eier legen.

Manche Vögel können monatelang von Europa nach Afrika und zurück fliegen, ohne sich auf den Boden oder auf einem Baum zu setzen. Sie schlafen und essen beim Fliegen.

__Wahr__: Alpensegler können in der Luft schlafen. Sie verlangsamen ihren Flügelschlag in dieser Zeit.

Es gibt keine Vögel, die nicht fliegen können.

Falsch: Der afrikanische Strauß und Pinguine können zum Beispiel nicht fliegen.

Alle Landtiere können springen.

Falsch: Der Elefant ist das einzige Tier der Welt, das nicht springen kann.

Normalerweise kann man in Wasser nur schwimmen oder tauchen. Es gibt aber Tiere, die auf dem Wasser laufen können.

Wahr: Eine Echse aus Mittelamerika, der Stirnlappenbasilisk, kann schnell über das Wasser laufen. Das ist nur möglich, weil sich unter seinen Füßen Luftblasen bilden. Diese verhindern, dass er untergeht.

Stirnlappenbasilisk

Schlange haben keine Ohren und können nicht hören

Falsch: Schlangen hören durch richtige Ohren. Früher dachte man, dass Schlangen nicht hören könnten, weil sie keine Ohren hätten. Wissenschaftler der Universitäten in München und Washburn im US-Staat Kansas haben aber nachgewiesen, dass Schlangen über ein verstecktes Innenohr verfügen.

Spinnen können nicht in ihrem eigenen Netz hängenbleiben.

Falsch: Spinnen können in ihrem eigenen Netz hängen bleiben, aber durch eine besondere Technik kommt es nicht dazu. Sie erstellen zuerst ein Grundgerüst aus nicht klebrigen Fäden und erst dann spinnen sie die Klebefäden. Auf denen laufen sie aber nicht, sondern bewegen sich nur auf den nicht klebrigen Fäden hin und her.

Spinnen haben keine Ohren. Sie hören nicht und können nur fühlen.

Falsch: Spinnen haben keine Ohren wie die Menschen, aber sie können dennoch über ihre Haare an den Beinen „hören“. So reagieren sie auf Schwingungen und auf Geräusche.

Ein Elefant vergisst nie

Wahr: Elefanten haben tatsächlich ein „Elefantengedächtnis“, sie können sich besser an Vergangenes erinnern als Menschen.

Eisbären müssen sich manchmal im Eiswasser abkühlen.

Wahr: Eisbären haben ein sehr dickes Fell und müssen tatsächlich oft im Eiswasser baden gehen, um sich abzukühlen.

Eisbär

Fledermäuse sind blind.

Falsch: Blind sind sie nicht. Ihre Augen funktionieren nur schlecht. Sie finden ihren Weg mit Hilfe von Ultraschall-Tönen.

Fledermaus

Manche Schildkröten können ihren Panzer öffnen und schließen

Wahr: Dosenschildkröten können ihren Panzer öffnen und schließen. Sie können, nachdem sie Kopf, Beine und Arme eingezogen haben, den vorderen und den hinteren Teil des Bauchpanzers zu- und aufklappen.

Alle Spinnen müssen Netze spinnen, um Beute zu fangen.

Falsch: Nicht alle Spinnen spinnen Netze, um Beute zu fangen. Falltürspinnen bauen Fallgruben. Bola-Spinnen angeln mit einer klebrigen Schnur. Speispinnen spucken ihre Gegner an.

Flamingos werden rosa, weil sie Krebse fressen.

Wahr: Ja, weil Krebse Karotin, einen Farbstoff enthalten, werden Flamingos rosa, wenn sie sie fressen. Wenn sie damit aufhören, werden sie schnell wieder ganz weiß.

Alle Tiere haben nur ein Herz, wie Menschen.

Falsch: Der Tintenfisch hat drei Herzen. Zwei Herzen versorgen seine Arme, das dritte Herz versorgt seinen Körper.

Es gibt Raubtiere, wie den Gepard, die kein Wasser trinken.

Wahr : Geparde nehmen Flüssigkeit ausschließlich aus dem Fleisch ihrer Beute auf.

Haie ersticken, wenn sie nicht schwimmen, deswegen müssen sie ständig schwimmen, um zu leben.

Wahr: Tatsächlich ersticken Haie, wenn sie nicht schwimmen. Sie entnehmen aus dem Wasser Sauerstoff um zu atmen, deswegen muss das Wasser durch ihre Kiemen strömen, damit sie den Sauerstoff darin aufnehmen können.

Kakerlaken können ohne Kopf noch Tage weiterleben.

Wahr: Kakerlaken können ohne Kopf sogar bis zu neun Tage weiterleben, denn ihr Gehirn befindet sich im Körper und nicht im Kopf. Sie sterben dann irgendwann, weil sie Hunger und Durst haben, aber nicht mehr essen und trinken können.

Tintenfisch

Weitere Bücher des Autors (Auszug)

Für jedes Alter von 3 bis 120
KOFFI
Zwei ungleiche und unglaubliche Detektive aus Afrika und ihre lustigen und spannenden Abenteuer
&
BITACOLA
farbige Version
Autor
Dantse Dantse
Illustrationen
Sankara Dantse (7 Jahre)
Band 1:
Koffi sucht einen Freund:
„Hallo lieber Affe, mein Name ist Koffi, ich suche einen Freund, willst du mein Freund werden?“
2. überarbeitete Auflage

Die verkrebste Generation
Hilfe, der Wohlstand bringt mich um!
Nahrungsmittel sollen uns ernähren und uns nicht umbringen
Programmiert, um an Krebs zu sterben
Band 1 Krebs unter uns
Krebserregende Chemikalien und Gifte in Lebensmitteln
Ein Handbuch für Verbraucher zur Prävention gegen Krebs. Alles übersichtlich auf einen Blick und für jeden leicht verständlich
DANTSE DANTSE

Die verkrebste Generation
Hilfe, der Wohlstand bringt mich um!
Kosmetik soll uns schöner machen und uns nicht umbringen
Programmiert, um an Krebs zu sterben
Band 2 Krebs unter uns
Krebserregende Chemikalien und Gifte in Kosmetika
Ein Handbuch für Verbraucher zur Prävention gegen Krebs. Alles übersichtlich auf einen Blick und für jeden leicht verständlich
DANTSE DANTSE

Die verkrebste Generation
Hilfe, der Wohlstand bringt mich um!
Unser Zuhause soll ein sicherer Ort sein und uns nicht umbringen
Programmiert, um an Krebs zu sterben
Band 3
Krebs unter uns
Krebserregende Chemikalien und Gifte in Haushalt und Wohnung
DANTSE DANTSE

Die verkrebste Generation
Hilfe, der Wohlstand bringt mich um!
Technologie soll unser Leben erleichtern, und uns nicht umbringen
Programmiert, um an Krebs zu sterben
Band 4
Krebs unter uns
Krebserregende Chemikalien und Gifte in der Technologie
Ein Handbuch für Verbraucher zur Prävention gegen Krebs.
Alles übersichtlich auf einen Blick
und für jeden leicht verständlich
DANTSE DANTSE

DantseLOGIK
Die verkrebste Generation
Hilfe, der Wohlstand bringt mich um!
Medizin und Medikamente sollen uns heilen und uns nicht umbringen
Programmiert, um an Krebs zu sterben
Band 5 Krebs unter uns
Krebserregende Chemikalien und Gifte in der Medizin und in Medikamenten
Ein Handbuch für Verbraucher zur Prävention gegen Krebs. Alles übersichtlich auf einen Blick und für jeden leicht verständlich
DANTSE DANTSE

DantseLOGIK
Die verkrebste Generation
Hilfe, der Wohlstand bringt mich um!
Landwirtschaft soll uns ernähren, unser Arbeitsplatz soll sicher sein und uns nicht umbringen
Programmiert, um an Krebs zu sterben
Band 6 Krebs unter uns
Krebserregende Chemikalien und Gifte in Landwirtschaft, Tierzucht und am Arbeitsplatz
Ein Handbuch für Verbraucher zur Prävention gegen Krebs. Alles übersichtlich auf einen Blick und für jeden leicht verständlich
DANTSE DANTSE

DantseLOGIK
Die verkrebste Generation
Hilfe, der Wohlstand bringt mich um!
Nahrungsmittel sollen uns ernähren, Kosmetik uns schöner machen und uns nicht umbringen
Programmiert, um an Krebs zu sterben
SAMMELBAND 1&2
Krebs unter uns
Krebserregende Chemikalien und Gifte in Lebensmitteln und Kosmetika
Ein Handbuch für Verbraucher zur Prävention gegen Krebs. Alles übersichtlich auf einen Blick und für jeden leicht verständlich
DANTSE DANTSE

DantseLOGIK
Die verkrebste Generation
Hilfe, der Wohlstand bringt mich um!
Medizin soll uns heilen
Nahrungsmittel uns ernähren,
Kosmetik uns schöner machen,
Technologie unser Leben erleichtern,
unser Zuhause ein sicherer Ort sein
und uns nicht umbringen
Programmiert, um an Krebs zu sterben
Das 600 Seiten Gesamtwerk
Krebs unter uns
Krebserregende Chemikalien und Gifte in Lebensmitteln, Kosmetika, Medizin, Technologie, im Haushalt, in der Wohnung und am Arbeitsplatz
Ein Handbuch für Verbraucher zur Prävention gegen Krebs. Alles übersichtlich auf einen Blick und für jeden leicht verständlich
DANTSE DANTSE

Dantse Dantse
Am Anfang war
DER DARM
Band 1
Erstaunliche, neue Erkenntnisse über den
UNTERSCHÄTZTEN ZERSTÖRER
Wie verursacht eine gestörte Darmflora
Depressionen
Demenz
Krebs
Autismus
Übergewicht
Ängste
negative Gedanken
Lustlosigkeit
Impotenz
Sucht
Unfruchtbarkeit
...und vieles mehr ?
DER KRANKHEITSHERD DES KÖRPERS
afrikanisch inspiriert - wissenschaftlich fundiert
manipuliert und beeinträchtigt
Liebe
Gefühle
Gedanken
Persönlichkeit
Sex
indayi edition
Jede Krankheit beginnt im Darm
Wie Ernährung die Darmflora zerstört und Körper und Seele krank macht

Dantse Dantse
Am Anfang war
DER DARM
Band 2
Erstaunliche, neue Erkenntnisse über den
UNTERSCHÄTZTEN HEILER
Den Darm
reinigen & sanieren
regenerieren
stärken
heilen
leicht gemacht
ein für alle Mal durch:
Kräuter
Okra
Yams
Avocado
pflanzliches Öl
Vitamin D
Sex und Bewegung
spezielle Smoothies
Makossa hot rotic
... und vieles mehr!
DAS MEDIZINZENTRUM DES KÖRPERS
heilt Körper und Seele
stärkt das Gehirn
macht glücklich
stärkt Potenz & Libido
formt die Persönlichkeit
entscheidet, wen du liebst
afrikanisch inspiriert - wissenschaftlich fundiert
indayi edition
Jede Heilung beginnt im Darm
DNL die innovative therapeutische Ernährung für eine sofortige und bleibende Darmgesundheit

Dantse Dantse
Am Anfang war
DER DARM
Erstaunliche neue Erkenntnisse über den
UNTERSCHÄTZTEN CHEF
Alles über den Darm - dein Medizinzentrum
was ihn zerstört
wie er welche Krankheiten verursacht
wie er Gehirn, Denken und Gefühle steuert und manipuliert
wie er Körper, Geist & Psyche heilt
wie er Persönlichkeit & Leistung stärkt
wie du ihn mit diesen einfachen Tipps sanierst
Jede Krankheit beginnt im Darm
Jede Heilung beginnt im Darm
durch Ernährung

Dantse Dantse
Smart Coaching - knapp auf den Punkt gebracht
Ohne Medikamente auskommen
Antioxidantien
Mineralien
Vitamine
Iss & trink dich gesund!
Eine basische Ernährung, die heilt, fit, jung macht und Fett verbrennt!
Gutes Öl
Knoblauch
Ingwer
Broccoli
Zwiebel
afrikanisch inspiriert - wissenschaftlich fundiert
...und vieles mehr!
altes Wissen
neue Erkenntnisse

Dantse Dantse
DANTSE
ABNEHMEN MIT CHARME
durch Ernährung
OHNE DIÄT
...ohne Wenn und Aber...
Fett weg
Bauch weg
Rettungsringe weg
Speckrollen weg
Impotenz weg
Krankheiten weg
Fitnessstudio weg
Kilos weg
UND ALLES BLEIBT WEG
mit würzigen Kilos-weg-Koch-, Trink- & Smoothie-Geheim-Rezepten
bebildert!
mit der DantseLOGIK™ Meistere dein Gewicht
Garantie - das erfolgreiche Coaching endlich als Buch
Nur mit Lebensmitteln
OHNE (Leistungs-) SPORT
Muskeln definiert
Bauch straff
Po knackig
Cellulite und Falten weg
Seele glücklich

Dantse Dantse
DANTSE
FETTWAMPE?
JA, ABER RICHTIG!
Durch Ernährung
Wie und welche Lebensmittel Po, Bauch, Hüfte, Beine und Brust dick machen und dich außerdem krank
OHNE MÜHE
Käse-Wampe
Weizen-Speckrollen
Pasta-Fetthintern
Milch-Schenkel
Cola-Rettungsringe
Wasser-Wanst
Burger-Wabbelbrust
skinny fat - schlank, aber fett
bebildert! mit leckeren, kalorienreichen Power-Fett-und-Dick-Mach-Koch-, Trink- und Smoothie-Rezepten
mit der DantseLOGIK™ Meistere dein Gewicht
Garantie - das erfolgreiche Coaching endlich als Buch

Dantse Dantse
DANTSE
Abnehmen
Das 2 Low Days Prinzip
2 Tage 50% essen, 5 Tage 100% essen
und Fett und Kilos purzeln
in nur wenigen Wochen!
leicht
gemacht
basisch gesund
indayi
edition

Dantse Dantse
DANTSE
DAINU-VEGAN
Das Referenzbuch
der veganen Ernährung
für Fleischliebhaber
cool
Mit DAINU-VEGAN
Wunder erleben:
Muskeln aufbauen
Gewicht verlieren
Krankheiten bekämpfen
Psyche stärken
Potenz fördern
sexy
DAINU-VEGAN
der perfekte Ernährungsstil
für erfolgreiche Menschen
Kompletter Körper- und
Psyche-Reset in 35 Tagen

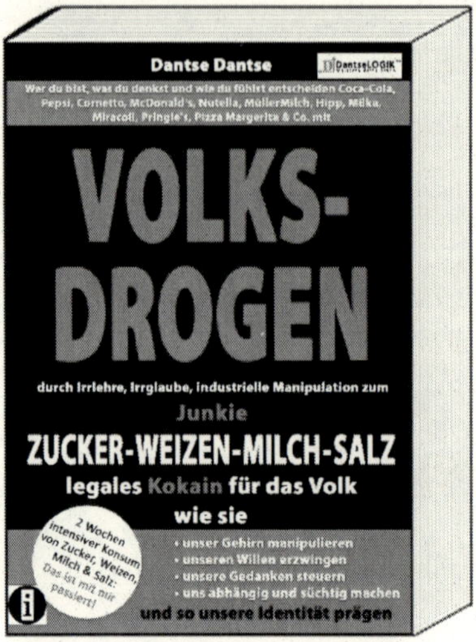
Dantse Dantse
Wer du bist, was du denkst und wie du fühlst entscheiden Coca-Cola, Pepsi, Cornetto, McDonald's, Nutella, MüllerMilch, Hipp, Milka, Miracoli, Pringle's, Pizza Margerita & Co. mit
VOLKS-DROGEN
durch Irrlehre, Irrglaube, industrielle Manipulation zum
Junkie
ZUCKER-WEIZEN-MILCH-SALZ
legales Kokain für das Volk
wie sie
2 Wochen intensiver Konsum von Zucker, Weizen, Milch & Salz: Das ist mit mir passiert!
• unser Gehirn manipulieren
• unseren Willen erzwingen
• unsere Gedanken steuern
• uns abhängig und süchtig machen
und so unsere Identität prägen

Dantse Dantse
KÖRPER-ALARM
Krankheiten früh erkennen
auch wenn du kein Arzt bist
✓ deine Darmflora krank ist?
✓ du Diabetes, Krebs, AIDs hast?
✓ du mit Chemikalien vergiftet bist?
✓ ein Herzinfarkt oder Schlaganfall droht?
✓ du Hormonstörungen hast?
✓ du an Alzheimer erkranken könntest?
✓ du an Vitamin- oder Nährstoffmangel leidest?
✓ du an Burnout oder Depression leidest?
SELBST-DIAGNOSE
✓ Wie erkennst du Selbstmordsignale deines Kindes?
✓ Was sagen deine Haare, deine Haut, deine Zunge, dein Gesicht, deine Falten, deine Augen über deine Gesundheit?
Sammelband
ALARMZEICHEN AUF DEN ERSTEN BLICK ERKENNEN UND SCHNELL HANDELN

Dantse Dantse
Wie Profis und Geheimdienste
afrikanisch inspiriert
Durchschaue dein Gegenüber
Wie erkennst du
✓ Energievampire & Narzissten?
✓ dass du an Demenz leiden wirst?
✓ dass dein Handy abgehört wird?
✓ toxische Eltern?
✓ Feinde und falsche Freunde?
✓ dass du gemobbt wirst?
✓ Intrigen gegen dich?
✓ dass du manipuliert wirst?
✓ welche schwierige Persönlichkeitsstörung jemand hat?
✓ dass er/sie dich nicht liebt?
✓ mit wem er/sie dich betrügt?
Ich weiß, was du willst, was du denkst, was du fühlst und was du vorhast, bevor du deinen Mund aufmachst
✓ dass er/sie nie treu sein wird?
✓ dass jemand dich hintergeht?
✓ ob er/sie gut im Bett ist?
✓ was Männer abturnt?
✓ dass sie dich für einen Versager im Bett hält?
✓ Persönlichkeitsstörungen durch Sexual- und Beziehungsverhalten?
Manipulation Dritter erkennen!
Der Körper täuscht nie, er verrät!
Sammelband:
Psychologie, Lebenshilfe, Manipulations- & Psycho-Tricks, Sexualität, Beziehungen, schwierige Persönlichkeitsstörungenstypen
schneller erkennen, besser vorausplanen

Dantse Dantse
Smart Coaching - knapp auf den Punkt gebracht
Das ultimative Anti-KREBS Buch
NEU: afrikanische Anti-Krebs-Kochrezepte
Unsere Ernährung - Freund und Feind
Krebszellen-Fütterer
Krebszellen-Killer
Krebszellen-Verhinderer
mit neuen Erkenntnissen und Top-Tipps, die wirklich helfen
afrikanisch inspiriert wissenschaftlich fundiert
Lebensmittel und eine afrikanisch inspirierte Ernährung, die dich vor Krebs schützen und ihn bekämpfen!

DANTSE DANTSE
„Ich hasse glückliche Menschen"
12 wahre Geschichten aus dem Leben
Jeder ist seines Unglückes Schmied
oder
Wie mache ich mich richtig unglücklich?
Ein Plädoyer für das Glücklichsein

PRIMITIV DENKEN, ERFOLGREICH SEIN
indayi edition
Glücklich und frei sein wie ein Vogel, das kannst du auch!
Die 4 Glückssäulen der Primitiven
So einfach wirst du glücklich und bleibst es, egal was passiert
DAS PRAXISBUCH
Glücksarchitekten
Glückstechniker
Glücksarbeiter
Glückshelfer
helfen dir, die Gesetze des Glücklichseins fest in dir zu installieren
DANTSE DANTSE

DANTSE DANTSE
DANTSELOG
Die revolutionäre
Selbst-Dialog-
Kommunikations-Technik
zum Lösen von Problemen
Beruf & privat
Teil 1:
Die Dantselog-Lehre
Das Grundlagenbuch:
Was ist Dantselog?
Ursprünge und Wirkweisen
des Dantselogs und seine
erstaunlichen Erfolgsgeschichten
afrikanisch inspiriert
Wie du Wunder erwirkst!
✓ Ziele erreichen
✓ Lösungen finden
✓ Leistung steigern
✓ Persönlichkeit stärken
✓ Schicksal gestalten & meistern
✓ Krankheit heilen & Trauma bewältigen
Dein Therapie- und Coaching-Buch zum Selbermachen
DIE GANZHEITLICHE WUNDERKRAFT
DES SELBSTGESPRÄCHS

DANTSE DANTSE
DANTSELOG
Die revolutionäre
Selbst-Dialog-
Kommunikations-Technik
zum Lösen von Problemen
Beruf & privat
Teil 2:
Die Dantselog-Technik
Das Dantselog-1x1 für Anfänger
Wie funktioniert Dantselog?
Der Praxisleitfaden – Schritt für
Schritt dein Leben meistern
afrikanisch inspiriert
Jetzt lässt du Wunder entstehen!
✓ Ziele erreichen
✓ Lösungen finden
✓ Leistung steigern
✓ Persönlichkeit stärken
✓ Schicksal gestalten & meistern
✓ Krankheit heilen & Trauma bewältigen
Dein Therapie- und Coaching-Buch zum Selbermachen
DIE GANZHEITLICHE WUNDERKRAFT
DES SELBSTGESPRÄCHS

Dantse Dantse
EGO-ELTERN
Erziehungsfehler vermeiden - afrikanisch inspiriert
„Papa, Mama, lasst mich einfach Kind sein!"
Warum werden unsere Kinder immer
•tyrannischer •ängstlicher
•aggressiver •antriebsloser
•überforderter •depressiver
und vor allem immer unglücklicher?
Wie Eltern diese Schwächen in Kinder einprogrammieren

nicht sehen · nicht hören · nicht reden
SÜNDIGE & GEHEIME
FAMILIENSEXUALITÄT
Dantse Dantse
ohne Gewalt
ohne Beweise
ohne Erinnerung
Subtiler sexueller Missbrauch in der Kindheit durch Mama und Papa
Eine unsichtbare Seuche unserer Gesellschaft mit verheerenden Folgen im Erwachsenenalter
Ein Tabu, das still und leise eine ganze Generation krank macht
Vielleicht geht es dir schlecht, weil du in der Kindheit missbraucht wurdest, es aber nicht mehr weißt?

Unwiderstehlich
Dantse Dantse
Das Merkel-Geheimnis
weiblich
und erfolgreich
Weiblichkeit ist Macht, Kraft und die stärkste Waffe der Frau
afrikanisch inspiriert
EINE ENTDECKUNGSREISE DURCH DIE
POSITIVE MODERNE WEIBLICHKEIT
MIT VIELEN SPANNENDEN PERSÖNLICHEN GESCHICHTEN

BURNOUT-
GENERATION
PROGRAMMIERT, UM VÖLLIG
AUSZUBRENNEN
Dantse Dantse
DANTSE
Inklusive kleinen, einfachen Erziehungstipps, die deine Kinder vor Erschöpfung, Stress und Überforderung im Erwachsenenalter schützen
WIE BURNOUT-ANFÄLLIGKEIT UND
ERSCHÖPFUNGSMENTALITÄT IN DER
KINDHEIT EINGEPFLANZT WERDEN

Reggae Love
Liebe auf afrikanisch
Drei weiße Frauen, ein schwarzer Mann
Band 1
Die lustige und spannende Suche nach der weißen Frau „Visum"
Band 2
Der ergreifende Liebeskampf Liebesworte oder Liebesbeweise?
Eine wahre Geschichte, wie man sie sich nicht vorstellen kann
Roman
Dantse Dantse

Dantse Dantse
Liebes-Schach in Paris
basiert auf wahren Begebenheiten
Mein afrikanisches Hausmädchen ist die Ehefrau meines afrikanischen Ehemannes -
aber die Liebe siegt
Roman

Dantse Dantse
THE SPIRIT
a game
Cyber-Dämonen, die neuen Terroristen im Jahr 2030:
Ein Computerprogramm bedroht die Welt
+++ Ich bin es, The Spirit, der Gute und der Rächer +++
Band 1
Die Order
Die Geburt der Cyber-Dämonen und ihr Angriff auf Deutschland
Science Fiction Roman

DJOUDJOU
Blut-Organe
„Wer bist du?"
„Ich bin Djoudjou, der Nfeu-Men, ich bin der Tote, der in dir lebt. Ich musste sterben, damit du lebst. Jetzt musst du sterben, damit ich meine Ruhe finde."
Dantse Dantse

KIGALI
Le procès de l'amour
oder
Die Liebe auf der Anklagebank
Dantse Dantse
Roman
nach einer wahren Begebenheit

TSUMO
weinen ohne Tränen
Eine verbotene schwarz-weiße Liebe zwischen zwei Frauen in Afrika - *mit tragischen Folgen*
Roman
Dantse Dantse
wahre Begebenheit

Dantse Dantse
Das Lächeln
Deutschland - Tibet - Kamerun
Diagnose Krebs:
Nur 1 Jahr zu leben, aber er will glücklich sterben!
Die lange Weltreise auf der Suche nach dem Glücklichsein und dem Sinn des Lebens
EIN LÄCHELN KANN EIN HERZ AUS STAHL SPRENGEN
Das Spiel des Lebens
Doku-Roman

Der afrikanische
FILOU
Papaya Tanz in Afrika
Der angebliche afro-amerikanische Milliardär aus New York, die schöne afrikanische Braut und
...die Illusion des amerikanischen Traums
Komödie · Roman
basiert auf einer wahren Geschichte
Dantse Dantse

Weitere Bücher von indayi edition (Auszug)

CHOUATAT DANTSE ROSTAND
Dieses Buch möchte Mut machen zur Veränderung
Denkansätze für eine bessere Welt entstanden aus einer persönlichen Antwortsuche
1000 Dringlichkeiten und eine Notwendigkeit
Ein Wort sagt mehr als 1000 Bilder
Der moderne Mensch als Wohlstandsprimitiver
♦Industrie gegen Natur
♦Wissenschaft gegen Religion
♦Fortschritt gegen Entwicklung
♦Individualismus gegen Individuum
♦Frauenrechte gegen Weiblichkeit
Neues Denken: Vordenken statt Nachdenken
indayi edition
♦Burnout trotz Erleichterung
♦Armut trotz Überfluss
♦Angst trotz Sicherheit
♦Zeitmangel trotz Zeitersparnis
Lebensratgeber

Made in United States
North Haven, CT
04 November 2026

21773551R00236